观赏鱼养护与鉴赏丛书

汪学杰◎主编

锦鲤的养护与鉴赏

The Appreciation and Culture of Koi

SPM 南方出版传媒
广东科技出版社 | 全国优秀出版社
·广 州·

图书在版编目（CIP）数据

锦鲤的养护与鉴赏/汪学杰主编. —广州：广东科技出版社，(2020.4重印)
（观赏鱼养护与鉴赏丛书）
ISBN 978-7-5359-6676-6

Ⅰ. ①锦…　Ⅱ. ①汪…　Ⅲ. ①锦鲤—鱼类养殖　Ⅳ. ①S965.812

中国版本图书馆CIP数据核字（2016）第322817号

锦鲤的养护与鉴赏

责任编辑：区燕宜　罗孝政
装帧设计：创溢文化
责任印制：彭海波
出版发行：广东科技出版社
（广州市环市东路水荫路 11 号　邮政编码：510075）
http：//www.gdstp.com.cn
E-mail：gdkjyxb@gdstp.com.cn（营销中心）
E-mail：gdkjzbb@gdstp.com.cn（编务室）
经　　销：广东新华发行集团股份有限公司
印　　刷：广州一龙印刷有限公司
（广州市增城区荔新九路 43 号 1 栋自编 101 房　邮政编码：511340）
规　　格：787mm × 1 092mm　1/16　印张 7　字数 150 千
版　　次：2017 年 2 月第 1 版
2020 年 4 月第 4 次印刷
印　　数：7001 ~ 9000 册
定　　价：39.80 元

《观赏鱼养护与鉴赏丛书》
编委会

主　　任：罗建仁

委　　员：罗建仁　吴　青　许品章

　　　　　马卓君　胡隐昌　汪学杰

《锦鲤的养护与鉴赏》
编委会

主　　编：汪学杰

副 主 编：胡隐昌　牟希东　刘　奕

参编人员：宋红梅　刘　超　顾党恩

　　　　　杨叶欣　罗　渡　徐　猛

　　　　　韦　慧　罗建仁

摄　　影：汪学杰　罗建仁

序

锦鲤这个事物，在当今的都市生活圈，不说家喻户晓，也已是广为人知。30多年前当锦鲤被商业性引入中国并在广州展览，人们就惊讶有这么好看的鱼且这么值钱！如今，中国从沿海到西北内陆的城市都有锦鲤的买卖，从几块钱一尾到过万元一尾，不同品级的锦鲤都有市场需求。

其实，从学术上讲，锦鲤还没有脱离鲤鱼的遗传定位，还是属于鲤鱼这个物种，或者说锦鲤还没有进化分离于鲤鱼的物种定位。也就是说，中国古代养殖观赏红色鲤鱼是当代锦鲤的祖先。唐诗句“丝禽藏荷香，锦鲤绕岛影（陆龟蒙）”，锦鲤就已进入文学作品中。明代张含诗云：“九龙池上有高台，池下芙蓉台上开。锦鲤不妨仙客跨，白鸥须望主人回。”鱼池观锦鲤，古人也很时尚。

可遗憾的是，我们的祖宗更喜欢温文尔雅的金鱼，刚猛热烈的锦鲤没有发展机会。后来，也就是近200年时光，日本人经过不懈的努力培育了上百种锦鲤，构建了世界性的锦鲤文化，把锦鲤业发展到了极致，甚至赋予了宗教般的虔诚态度。因此，现代锦鲤业或可认为发源于日本。

日本锦鲤最早于1938年进入中国。1972年中日邦交正常化，日本首相田中角荣将锦鲤作为礼品赠送周恩来总理。1983年香港与广州一家合资公司引入日本锦鲤到广州，正式开始了中国锦鲤的商业性养殖和销售。如今，虽然中国锦鲤业高速发展，但仍然走不出日本锦鲤的影子。目前，国内锦鲤大赛还要请日本裁判，采用日本评判标准。

锦鲤是遗传不稳定品种，特别是花色、体形变异极大，同胞一胎数十万卵孵出的后代体形、花色几无相同者，选育出品质优秀的寥寥无几。特别是在中国传养几代，退化严重，体形变粗短，个体长不大，在市场上被叫“土炮”，真是令人难堪。

究其根本，在于种质资源掌控在日本人手里，我国没有哪一家公司选育储备有可与日本相匹敌的锦鲤种质资源。严重的是，中国锦鲤业还没有形成产业传承的心理素质，赚一把仍然是人们的主导意识，所以难见到如日本锦鲤人那样虔诚选育种质的作为。中国锦鲤种质资源自有化仍然在期待中，锦鲤赛场上“大正三色”“昭和三色”等日本色彩还将延续下去。

敬佩日本人的专业精神，寄望于我国锦鲤界的企业家和科学家们，期待“中山三色”“华夏五色”锦鲤扬名天下！

本书如能引起更多人关注锦鲤，对养锦鲤、赏锦鲤有所帮助，我想作者就很高兴。特为之序。

罗建仁

2016 年 6 月 1 日于广州

前 言

观赏鱼是人们为观赏、装饰和美化环境而养殖的鱼类。

观赏鱼产业的产生、发展与经济的发展密切相关，它起源于经济繁荣的宋代，复兴于二战后经济复苏的20世纪50年代，在我国其复兴始于20世纪80年代，几乎与改革开放带来的经济高速发展同步。

锦鲤是我国最早引入的观赏鱼品种之一，从1983年香港的苏锷先生与广州市园林局花木公司合作创办“中国（广州）金涛企业有限公司”，建立锦鲤养殖场，锦鲤迈入中国的第一步算起，已经有30多年了。2015年12月，在广东顺德举行的“中国锦鲤30年庆典”，象征着锦鲤产业在中国的发展达到了一个新的高度。

锦鲤引入我国以来，其生产和消费一直在稳步增长。到目前，锦鲤养殖场已超千家，消费者达数百万户，年产锦鲤商品鱼超亿尾，国内市场年交易额超过20亿元，与金鱼、热带观赏鱼鼎足而立成为观赏鱼产业的三大支柱。

锦鲤被称为“水中活宝石”，它不但是一个影响力很大的观赏鱼品种，也代表着一种休闲文化。作为一种文化产品，锦鲤不仅仅是指一种色彩炫丽、体态丰满的水生观赏动物，它还承载着技术、审美、文化、历史等内涵。

随着我国经济的迅速发展和国民生活水平的不断提高，人们对休闲文化消费的需求越来越大，与此同时，人们居住条件日益改善，生活稳定，对锦鲤的消费起到了很强的拉动作用。这些都说明我国锦鲤产业仍有很大的发展空间。

目前，我国已成为锦鲤产销大国，产销额居日本之后位列世界第二。但是我们的核心生产力——种质资源及育种技术、优质锦鲤的生产技术还没有达到与之相匹配的水平，鉴赏及消费性养殖知识普及程度还很低，这对于锦鲤产业的发展和休闲文化质量的提高都是一种制约因素。

编撰本书的目的：一方面，期望通过对鱼类生态生理基础知识、鱼类遗传育种知识、锦鲤生物学特性的探讨及对先进生产经验的分析，为提高优质锦鲤的生产技术打开思路。另一方面，通过普及鉴赏和消费性养殖的知识，使消费者的欣赏水平得到一定程度的提高，使消费者对锦鲤的价值有更清楚的认识，让消费者了解在养殖锦鲤的过程中可能会遇到的问题，以及如何解决这些问题，进而使消费者从养锦鲤的过程中获得更多成功的喜悦，而不是从失败中承受不断的打击。总之，期望能使更多的人懂锦鲤、喜欢锦鲤，对锦鲤休闲产业、锦鲤休闲文化都有所助益。

本书编写得到了国家水产种质资源基础条件平台项目“珠江水系鱼类种质资源标准化整理、整合与共享”（2016DKA30470）、广东省科技计划“广东淡水鱼类种质资源库建设”和广东省实施技术标准战略专项“观赏鱼”等项目的支持和资助，得到了中国水产科学研究院珠江水产研究所罗建仁研究员的指导，得到了潘志成先生、许品章先生、郑群佐先生、张庆年先生等锦鲤业界人士的大力支持，图片拍摄得到顺德长龙锦鲤养殖场、东莞百川锦鲤养殖场、广州锦彩苑观赏鱼中心等鱼场提供的便利和帮助，在此一并表示衷心的感谢。

因笔者水平有限，管中窥豹不及万一，书中难免有疏漏、不妥甚至错误之处，恳请同行专家及读者批评指正。

汪学杰

2016 年 6 月 1 日

目　录

Contents

鯉躍龍門燿錦鱗玉
池春色煥然新光移影動
佳人過處起風生儛
客臨

題錦鯉

丙申根彦書於嶺北建仁

1

认识锦鲤

锦鲤是一种著名的观赏鱼，是一种世界性的观赏鱼，是世界上养殖最为广泛的观赏鱼品种之一。

锦鲤被称为“水中活宝石”，它不但是一个影响力很大的观赏鱼种，也代表着一种休闲文化。作为一种文化产品，锦鲤不仅仅是一种色彩炫丽、体态丰满的水生观赏动物，它还承载着技术、审美、文化、历史等内涵。

在我国，锦鲤的消费者至少有数百万户，锦鲤的国内产业规模已达到年产销20亿元的水平，与金鱼、热带观赏鱼鼎立成为观赏鱼产业的三大支柱。

要养好一种动物，当然必须知道这种动物的生物学特征和生活习性，包括这种动物适应什么样的环境，喜欢吃什么食物，如何繁衍后代等。而对于锦鲤这种带有文化印记的动物，不论你是锦鲤的生产者，还是锦鲤的爱好者或欣赏者，你需要知道锦鲤是什么、它的过去、现在和将来，否则很难相信你能养好它，甚至很难相信你真的知道怎么欣赏它。锦鲤的起源及历史、锦鲤的生物学特征及生活习性等知识，对于怎样养好锦鲤有很大的参考价值。

一、锦鲤的起源和鲤文化

（一）锦鲤的起源

据有关文献记载，在日本新潟县，由于地处山区，吃鱼不方便，所以当地农民自古就有稻田养鱼的习惯，养殖的品种主要是鲤。在公元1804—1830年的日本文政时期，人们在稻田养殖的鲤中发现颜色特别的鲤，为防止野外鸟害侵袭，人们将这些特别的鲤移养于房前屋后的水塘中，这些鱼就是锦鲤的祖先。

锦鲤目前有13个大品系，各个品系诞生的时间有早有晚，最早出现的锦鲤类似现在的“浅黄”品系，“红白”稍晚，而“大正三色”直到大约1914年才诞生，“昭和三色”最早也不会早于1926年。

对于锦鲤起源，目前还有一些争论，是关于锦鲤究竟源于野鲤还是红鲤。国内有关研究认为，日本锦鲤与中国红鲤同源性很强，很有可能是同一起源，也就是说，锦鲤是日本用从中国引进的红鲤培育的，但日本有些理论并不认为锦鲤源于中国。

兴国红鲤

鲤原产于中亚地区，以此为中心逐渐向周边扩展，向北的欧洲、向东的中国也渐渐有了鲤的分布，在中国更是在 2 300 多年前已经人工养殖鲤，鲤再往东扩展到达日本，但是时间不能确定，所以日本的鲤与中国的鲤同源是可以确定的。至于锦鲤是由野鲤还是红鲤选育而来，目前的研究还不能充分证明。“锦鲤”的称谓，最早也是出现在中国的古籍当中，当时“锦鲤”指的是金色和红色的鲤。

现时我国养殖的锦鲤，其种源来自日本，而且很多是直接从日本引进的，所以很多人称之为“日本锦鲤”。其实“锦鲤”和“日本锦鲤”应该是相同的概念，而相对的“中国锦鲤”却不是一个很明确的概念，不是一个具体的类群，起码不是一个品种。目前也有人认为它等同于“土炮”，即在中国土生土长的锦鲤，然而，即便是土炮，是生于中国长于中国，其种源依然是日本锦鲤，只是在中国种质退化了而已。

我国从 20 世纪 80 年代后期开始，锦鲤消费一直在稳步增长，这是因为，锦鲤在观赏鱼世界里特点鲜明，没有其他的鱼可以替代。锦鲤适温范围广，适应能力也比较强，而且最适合以俯瞰的方式欣赏，所以锦鲤是露天水池的最佳养殖对象，在许多地区甚至是唯一选择。正因为如此，市场对锦鲤的需求一定会不断加大。

（二）鲤文化与历史

锦鲤在中国有广阔而深远的前景与中国传统的鲤文化也有很大的关系。很多人都知道，2 300 多年前越国大夫范蠡被尊为养鱼的“祖师”，史官（或其他人）

记载范蠡（当时化名为“鸱夷子皮”）与齐威王田常关于养鱼的问答，后被称为《陶朱公养鱼经》或《范蠡养鱼经》，其内容如下：

《陶朱公养鱼经》被公认为世界上最早的养鱼著作，虽然仅有短短的 400 多字，内涵却很丰富，水产养殖者可以看到人工养鱼、池塘工程甚至渔业经营管理等内容。作者在这里要强调的是，世界上最早人工养殖的鱼类，是鲤！鲤的养殖最少在 2 300 年前的中国就开始了！

但是，中国人开始认识和利用鲤，也就是说，中国鲤文化的起点，实际上还要更早，至少在 2 500 年以前。据记载，孔子担任鲁国的大夫时，一次祭祀完毕，鲁国君主将祭品分给参加祭礼的大臣，孔子分得一尾鲤，当孔子拿着祭品回到家时，忽闻喜讯，夫人为他生下长子，孔子当上爸爸非常高兴，想到分得祭品鲤的荣耀，当即给长子起名“孔鲤”，字伯鱼。这是一个真实的故事，从这个故事我们可以看到，能够作为皇家祭祀的祭品，鲤在春秋时期有尊贵的地位，同时代的成语“鱼与熊掌不可兼得”也充分反映了鲤的尊贵，仅比熊掌略逊一筹而已。同时，这也是鲤文化至少起源于 2 500 多年以前的有力证明。

中国传统文化认为，龙是最高贵的，而鲤只要越过龙门就能化身为龙。鲤代表着顽强的生命力、旺盛的生殖力，还代表着家族的富裕和兴旺。另外，鲤与“礼、利”谐音，因此我国自东周时代起 2 000 多年，形成了很多与鲤有关的文化习俗，比如年画上儿童骑着鲤，过年的年夜饭一定要有鱼——大部分地区年夜饭上的鱼都是鲤，很多地区长期保留过年把鲤作为礼物送人的习俗，有些地方有特定时节吃鲤的风俗。

杨柳青年画

鲤常常出现在我国古代诗词歌赋中。《诗经》中曰：“岂食其鱼，必河之鲤。”“饮御诸友，炰鳖脍鲤。”汉代大诗人蔡邕食过黄河鲤后，留诗曰：“客从远方来，遗我双鲤鱼。呼

威王聘朱公问之曰："闻公在湖为渔父，在齐为鸱夷子皮，在西戎为赤精子，在越为范蠡，有之乎？"曰："有之。"曰："公任足千万家，累亿金，何术？"朱公曰："夫治生之法有五，水畜第一。水畜，所谓鱼池也。以六亩地为池，池中有九洲。求怀子鲤鱼长三尺者二十头，牡鲤鱼长三尺者四头，以二月上庚日内池中令水无声，鱼必生。至四月内一神守，六月内二神守，八月内三神守。神守者，鳖也。所以内鳖者，鱼满三百六十，则蛟龙为之长，而将鱼飞去，内鳖则鱼不复去。在池中周绕九洲无穷，自谓江湖也。至来年二月，得鲤鱼长一尺者一万五千枚，三尺者四万五千枚，二尺者万枚。枚值五十，得钱一百二十五万。至明年得长一尺者十万枚，长二尺者五万枚，长三尺者五万枚，长四尺者四万枚。留长二尺者二千枚作种，所余皆取钱，五百二十五万钱。候至明年，不可胜秆也。"王乃于后苑治地，一年得钱三十余万。池中九洲八谷，谷上立水二尺。又谷中立水六尺，所以养鲤者。鲤不相食，又易长也。又作鱼池法，三尺大鲤，非近江湖，仓促难求。若养小鱼，积年不大。欲令生大鱼法，要须截取薮泽陂湖饶大鱼处，近水际土沙十数载，以布池底。二年之内，即生大鱼。盖由土中先有大鱼子，得水即生也。

养鱼经

儿烹鲤鱼，中有尺素书。”唐诗中的鲤文化相当丰富，以鲤为题的诗歌很多。李白有诗曰：“黄河三尺鲤，本在孟津居。点额不成龙，归来伴凡鱼。”岑参的《热海行送崔侍御还京》一诗写道：“侧闻阴山胡儿语，西头热海水如煮。海上众鸟不敢飞，中有鲤鱼长且肥……”独孤及在《送何员外使湖南》一诗中写道：“王程傥未复，莫遣鲤鱼稀。”李商隐的《板桥晓别》一诗则曰：“水仙欲上鲤鱼去，一夜芙蓉红泪多。”刘禹锡在《洛中送崔司业》中写道：“相思望淮水，双鲤不应稀。”

锦鲤作为鲤的一个品种，同样承载着鲤文化习俗，承载着人们的美好愿望。由于锦鲤是观赏鱼，可以长期养殖、与人相伴，在表达人们的美好愿望方面，更有其独到的优点，因而形成了一些新的习俗。

二、锦鲤的生物学特征和习性

锦鲤不是自然物种，是鲤的人工选育品种，它的生物学特征和生活习性继承自鲤，所以，我们还是先重新认识一下生物学定义上的鲤。

（一）鲤的生物学特征

鲤，学名 *Cyprinus carpio*，属硬骨鱼类，纲辐鳍鱼纲 Actinopterygii 鲤形目 Cypriniformes 鲤科 Cyprinidae 鲤属 *carpio*。鲤体微侧扁，呈纺锤形，口呈马蹄形，吻须 1 对较短，颌须 1 对较长，体表覆盖大的圆鳞，侧线鳞 31~34 枚，侧线上鳞 6~7 排，侧线下鳞 6 排。鳍式为背鳍Ⅳ-17~20，臀鳍Ⅲ-5，胸鳍Ⅰ-15~16，腹鳍1~8，尾鳍 17。背鳍基部较长，背鳍和臀鳍前部均有粗壮带锯齿的硬棘。体色青灰色、暗黄色或金黄色，尾鳍下叶常为浅黄色或橙红色。

鲤平时多栖息于江河、湖泊、水库、池沼的水草丛生的水体底层，杂食性，偏向食底栖动物。其适应性强，耐寒，可在冬季冰封的水面下生存；耐碱，在高达 pH 9.5 的条件下能正常生活；耐盐，能在盐含量为 0~10‰的水体中自由转换；耐缺氧，在低至 0.2 毫克 / 升的低溶氧环境也能生存。在流水或静水中均能产卵，产卵场所多在水草丛中，卵黏附于水草上发育。鲤是世界上分布最广的鱼类物种之一，据研究起源于中亚地区，后扩大到东亚、欧洲，我国除青藏高原外的广大区域的自然水域都有鲤分布。

鲤是淡水鱼类中品种最多的物种，其自然品种有野鲤、镜鲤和散鳞镜鲤等，还有自然的地方种群以及以各种地方种群为育种材料人工培育的品种，包括婺源荷包红鲤、荷包红鲤抗寒品系、兴国红鲤、万安玻璃鲤、黄河鲤、沅江鲤、建鲤、德国镜鲤、德国镜鲤选育系、丰鲤、荷元鲤、三杂交鲤、颖鲤、岳鲤、芙蓉鲤、散鳞镜鲤、松浦鲤、福瑞鲤、长鳍鲤、锦鲤及长鳍锦鲤等。锦鲤是鲤的众多品种中的一个。

（二）锦鲤的自然习性

锦鲤源自鲤，与鲤属同一物种。锦鲤有 13 个大品系，不同品系亲缘关系很近，形态没有差别，只有色素分布以及鳞片表面的虹彩细胞的差异而造成的色泽不同作为区分品系的依据。

锦鲤适应在山塘、水库、池塘及人造水池中生活，习惯在水体中下层活动，性情温和，喜群游摄食，杂食性，可摄食软体动物、水生昆虫、水蚯蚓、有机碎屑、谷物及人工饲料等。锦鲤对水温、水质等条件要求不严格，可适应 2~35℃的水温，最适水温为 20~30℃，能适应弱酸性至弱碱性水质，即 pH 6.5~9，较理想的 pH 为 7.5~8.5，对水的硬度要求不严格，但硬度过低（低于 50 毫克 / 升）会对其生长发育产生不良影响。锦鲤耐低氧的能力不及野鲤，比较容易浮头，其耐受极限尚无权威的数据，一般为安全起见，要求其养殖水体溶解氧浓度达到 5 毫克 / 升。

锦鲤的生长速度比较快（稍逊于四大家鱼），一般养殖条件下，当年鱼到年末可长到全长 25~35 厘米，体重 250~500 克（稀养的情况下第一年最大可达 50 厘米），第二年长度可增长十几厘米，体重达到 500~1 000 克。锦鲤的最大个体长度达到 120 厘米（体重 20 千克左右），最长寿命据说超过 100 岁。

在相对自然的大水体条件下，锦鲤的性成熟年龄为雌性 2 冬龄，雄性 1~2 冬龄。初次性成熟的亲鱼体重一般在 500~600 克（广东 1 冬龄的雄性个体即可达到性成熟，而 2 冬龄的雌性最小成熟个体体重仅 300 克），何时能达到初次性成熟主要取决于积温和营养。锦鲤一般分批产卵，产黏性卵，受精卵黏附于水草茎叶、露出水面的树根或上层水体中的其他物体上。怀卵量一般为 10 万 ~30 万粒，产卵温度一般在 17℃以上，3—5 月为主要产卵期，受精卵在 25℃水温下孵化出苗时间为 3~4 天。

三、锦鲤的颜色表现及其机理

鱼类所呈现的颜色是皮肤中色素细胞的种类、数量、状态的反映。通常认为，鱼类有 3 种色素细胞：红色素细胞、黄色素细胞和黑色素细胞，另外还有一种虹彩细胞，虹彩细胞在显微镜下呈现七彩斑斓，而宏观的表现却是白色。鱼类体表的各种颜色，据说都是这四种细胞比例不同而形成的。

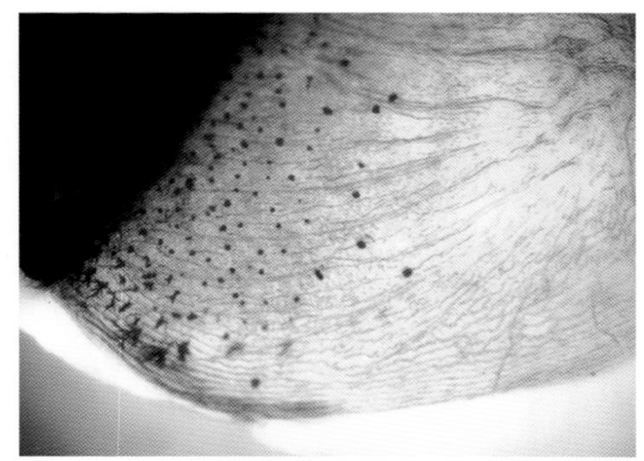

40 倍放大的黑色鳞片

100 倍放大的黑色鳞片

个体水平上说，锦鲤的颜色是鳞片上的色素细胞和虹彩细胞，与表皮的色素细胞共同表现的结果。通过拔出的鳞片，以及鳞片完整的三色锦鲤与刮掉鳞片的三色锦鲤的照片，不难发现，鳞片拔除后，锦鲤的颜色没有太大改变，但是光泽明显减弱，特别是白色部分，白质稀薄，光泽尽失。这说明，锦鲤的色素细胞主要分布在表皮，而起反光作用的虹彩细胞主要分布在鳞片上。虹彩细胞反光能力强，本身没有颜色，反射的全色光，全色光包含各个波段的光波，也就是说，包

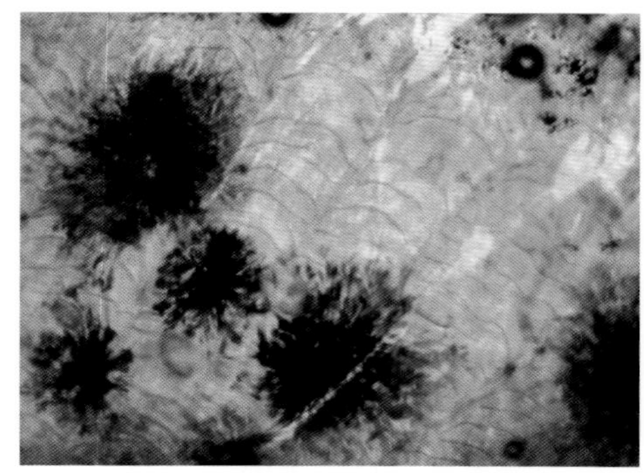

黑色素细胞

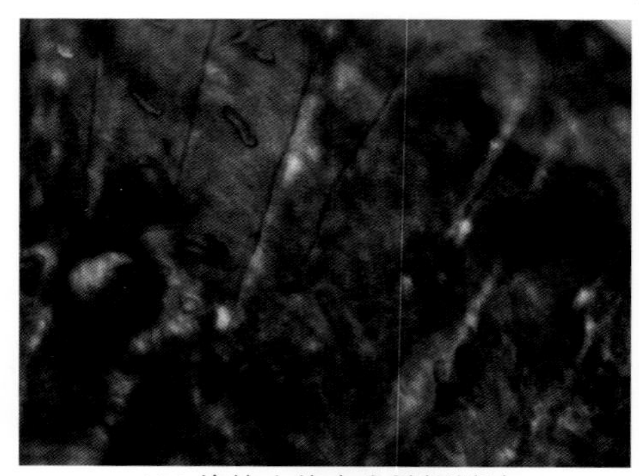

400 倍放大的白金锦鲤鳞片

含各种可见光，所以放大后色彩斑斓。

鳞片完整的三色锦鲤

刮掉鳞片的三色锦鲤

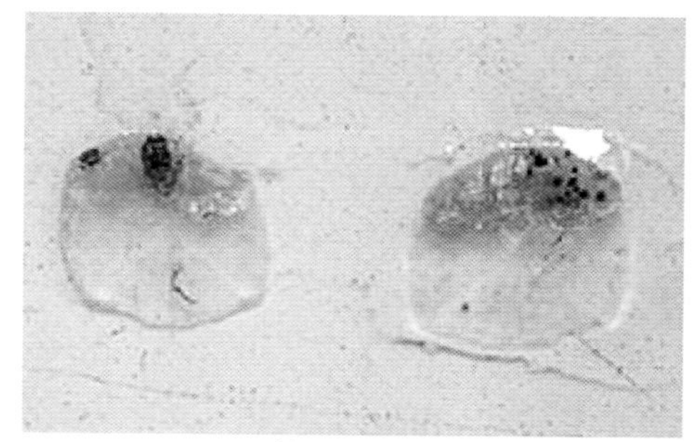
拔下的鳞片

锦鲤的颜色遗传比一般的鱼类复杂，因为锦鲤颜色的表现本身就很复杂，它的色块有分布位置、大小、切边这些其他鱼类不存在的情况，而且每一色块都是不规则的性状，没有重复的情况。从来就没有两条色斑完全相同的锦鲤（就身体上有 2 种以上色彩的品种而言），且不说完全相同，即使是全同胞或者亲子之间，斑纹相似度很高的也是凤毛麟角。从遗传基因的角度看，出现两尾色斑模样遗传基因完全相同的锦鲤的概率恐怕连万亿分之一都达不到。

颜色斑纹的遗传基因虽然复杂，组合类型无穷无尽，并不意味着人工干预就完全无能为力，实际上我们还是可以有所作为的，至少我们可以通过合理的配种，增加我们获得理想色彩表现的锦鲤的概率。以红白锦鲤为例，如果在同样养殖条件下，雌、雄亲鱼红斑（绯盘）的色泽一样浓郁，并且都是大模样，那么它们的颜色斑纹基因的相似度应该比较高，它们的后代出现同样浓郁色泽并且是大模样的概率也会比较高，至少比雌、雄亲鱼差异较大的配对产生的后代，出现同样情况的概率高几倍甚至几十倍。

所以我们如果想获得较多颜色斑纹好的锦鲤，首先要配对合理，要雌、雄亲鱼都有较理想的颜色斑纹，而且彼此比较类似。

另外，外在表现的颜色斑纹其根本在于基因，但也有一定程度受外因的影响，色斑表型是内因外因共同作用的结果。

四、锦鲤的相关名词术语

锦鲤出现近 200 年，在日本不断发展，成为一个特殊的产业，拥有许多以此为生的传统家族，也拥有数量庞大且坚定执着的爱好者，所以也形成了许多独有的名词术语。在日本，锦鲤的相关名词术语有一两百条（不包括数十个大小品系的名称），随着锦鲤进入中国，专用名词术语也陆续被介绍给中国的锦鲤养殖者和爱好者。这里，向大家介绍一些常用的名词术语，以帮助爱好者更好地理解锦鲤文化。

绯盘——红色斑块。

白肌——又称白地，指红白锦鲤和大正三色锦鲤躯体表面白色的部分。

大模样——指红色斑纹多而白地少的红白锦鲤。

鹿子——指绯斑没有集中在一起，形成类似搓衣板状红斑（区域内每一片鳞片上的红色都没长满），斑纹像幼鹿而得名。

口红——吻部的红斑。

点红——从大块集中的绯盘分离出来的红点。

墨——黑色的点或块。

大墨——指大片收紧的墨，也指墨多的锦鲤。

蓝墨——指蓝衣（品种名）锦鲤和大正三色锦鲤，泻类大片集中的墨斑不同，为靛蓝色，覆盖着绯盘。

青墨——在白地里，还未露出体表的墨。

后墨——最初沉于白地，呈蓝黑色，后来才浮现的墨。

底墨——指没有浮出表面，沉于白肌下的墨。

油墨——指有光泽的墨，也叫漆墨，用于大正三色锦鲤的墨的表述。

泻墨——指昭和三色锦鲤，泻类的墨，形状、质地有别于大正三色锦鲤的墨。

叠墨——长在绯盘上的墨，像叠加在绯盘上，故而得名。

口墨——吻部的墨斑。

点墨——从大块集中的墨分离出来的墨点。

青鳞——沉在白地里，看上去略呈蓝色的墨，是尚未形成青墨的墨质鳞片。

荒鳞——也叫镜鳞，德国鲤特有的大片鳞。

插鳞——在皮肤下还没有浮出表面的墨或绯。

鳞空——斑纹中的一部分变淡甚至完全呈现白地。

厚皮——指看起来肌底较厚的锦鲤。

薄皮——指看起来肌底较薄的锦鲤。一般认为，薄是皮肤比较透明，是质地好的，而有名的锦鲤都是薄皮的。

团扇——指光泽类锦鲤的胸鳍，又称手鳍。

尾纹——尾部长出的黑色条纹。

尾结——也叫尾缔，指背鳍后部至尾鳍基部（比尾柄范围大一点）的花纹，对于红白锦鲤而言，有一个绯盘作为尾结是一个重要的加分条件。

段——鱼体表自头部至尾柄红色斑纹的间隔数。

切边——鱼体红色斑纹的边缘线。

出头——头部斑纹情况。以两眼之间的斑纹中间弧顶稍近吻部为出头良好，过于接近吻部称出头重，不超过两眼之间称出头轻。

赤棒——又名赤无地、红瓜、红棒，指全身红色（除鳍外）的单色锦鲤，属于应该尽早淘汰的次品。

白棒——又名白无地、白瓜、白棒，指全身白色且没有高反光的单色鲤，属于应该尽早淘汰的次品。

乌鼠——底色为红色，皮肤表层杂乱地浮现大小不一、数量惊人黑点的一种次品锦鲤，属于必须淘汰的次品。

黑覆面——整个头部被墨覆盖的锦鲤。

黑仔——昭和三色锦鲤和白泻刚孵出的灰黑色的苗。

片模样——色斑偏向左边或右边，左右严重失衡的样子。

神仙网——又名神仙捞，一种短柄长、网身上下都开口的抄网，专用于捕捉大规格锦鲤。

色扬——使红色更浓或保持，或特指有这种功效的饲料。

当岁——未满一周岁的小锦鲤。

立鲤——指铭鲤的后代或具备铭鲤的血统，并有希望成为铭鲤的小锦鲤。

若鲤——指小锦鲤，现专指 1~3 岁的、体长不超过 65 厘米的锦鲤。

壮鱼——以前专指 4~5 岁的锦鲤。

铭鲤——指日本锦鲤大赛获奖的锦鲤。

初接触这些名词术语，会觉得很多、很难，但是如果慢慢认识、熟悉了它们，鉴赏锦鲤的水平和品位就会有所提升。

2

锦鲤的分类与鉴赏

从灰色身体、红色腹部的原始锦鲤（类似现代的浅黄品系）在日本出现算起，锦鲤约有 200 年的历史，从那以后，其他的锦鲤品种才相继出现，先是红白锦鲤、大正三色锦鲤，然后是昭和三色锦鲤等。现在，人们通常将锦鲤分成 13 个品系，主要有：红白系、大正三色系、昭和三色系、无花纹皮光系、花纹皮光系、泻系、别光系、浅黄系、衣系、丹顶系、银鳞系、德国系、变种鲤等。由于锦鲤只出现体色的分化，没有形态的分化，而且有些具有相同色彩特征的锦鲤可能有两个或多个的遗传途径，比如白泻锦鲤可以由雌、雄白泻锦鲤繁殖获得，也可以由昭和三色锦鲤繁殖获得，还可以由白泻锦鲤与昭和三色锦鲤配种获得，甚至还有其他的途径，所以即使颜色的分化也不是稳定遗传的。因此，不能把锦鲤按颜色分品种，只能暂以品系称之，但是将品系理解并称为商品品种亦无不可。

一、分类

锦鲤按颜色、光泽和是否全身覆盖鳞片等，划分为 13 个大品系，每个大品系又有或多或少若干个小品系，有些品系兼具两个或两个以上大品系的特征，细分下来有 126 个小品系。有些小品系不常见，一般锦鲤养殖者及爱好者对小品系并不在意，知道不知道都无所谓，但是对于各大品系的特征是必须了解的，因为这是鉴赏和选鱼的基础。

（一）红白系

行话说：始于红白终于红白。红白系是最早诞生的锦鲤品系之一，是锦鲤的正统代表，是最普及的锦鲤品系，也是一个基础性的品系，因为有些品系是在它的基础上培育出来的。红白锦鲤红色的斑块镶嵌在瓷器一般洁白的皮肤上，鲜艳夺目。按其斑块的数量和形态，又分为闪电红白、一条红、二段红白、三段红白、四段红白、鹿子红白等。

（二）大正三色系

大正三色系白底上浮现出红黑两色斑块，头部只有红斑而无黑斑，胸鳍上或

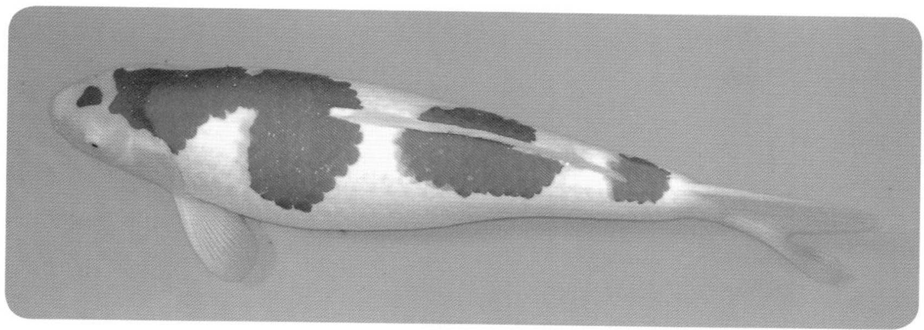

红白锦鲤（三段）

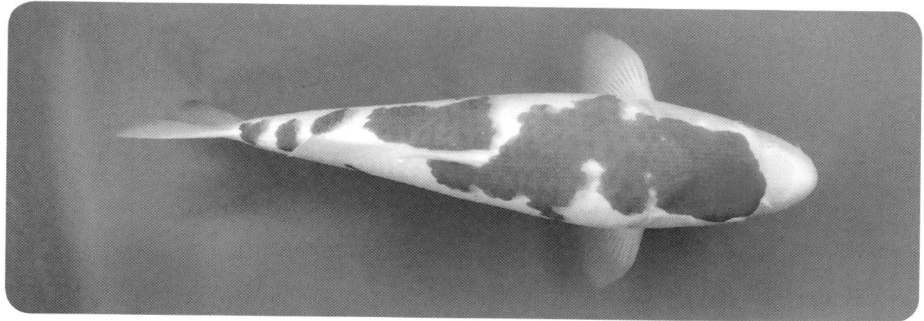

闪电红白锦鲤

具黑色条纹（而非块斑）。较名贵的大正三色系有嘴唇具有小红斑的口红三色锦鲤、头部具有银白色颗粒的富士三色锦鲤等。大正三色锦鲤因诞生于日本的大正时代（公元 1912—1926 年）而得名，迄今大约 100 年历史。大正三色锦鲤也有一些小品种，或者交叉品种，如口红三色锦鲤、德国三色锦鲤、银鳞三色锦鲤、金鳞三色锦鲤、三色秋翠锦鲤、丹顶三色锦鲤等。

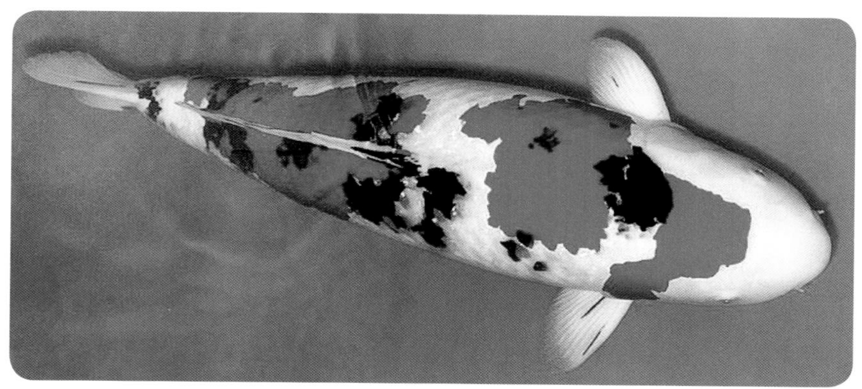

大正三色锦鲤

（三）昭和三色系

昭和三色系与大正三色系一样，体表有红白黑三种颜色。与大正三色系很容易区分，昭和三色系头部有墨斑，大正三色系没有；昭和三色系的墨是大块的，大正三色系的墨是小块或点状的；昭和三色系的墨是从真皮层向表皮延伸的，可以看到皮肤深层（即真皮层）的墨透过表皮而呈现灰色的印记，大正三色系的墨是浮现于表皮上的。昭和三色系胸鳍基部有块状黑斑，而大正三色系的胸鳍则没有黑色，或有黑色条纹。昭和三色锦鲤因诞生于日本的昭和时代（公元 1926—1989 年）而得名，实际诞生年代是 1930 年前后，迄今不足 100 年历史。昭和三色锦鲤主要有：经典昭和锦鲤、近代昭和锦鲤、影昭和锦鲤等几种类型。

昭和三色锦鲤

（四）浅黄系

浅黄系背部蓝色或灰色，每片鳞的外缘为白色，使背部看上去有清晰的网纹，头顶淡蓝色或浅黄色，面颊、腹部及胸鳍腹鳍为橙红色。虽然身体主要部分是蓝色或灰色，但是腹部的黄色或橙色是它的主要变异特征，而且幼年时头部和腹部确实是浅黄色的，所以称为浅黄并不是日语对颜色叙述的偏差。浅黄系据说是最原始的锦鲤，很多品种的来源与它有关。浅黄锦鲤也有水浅黄锦鲤、绀青浅黄锦鲤和鸣海浅黄锦鲤等小品种。

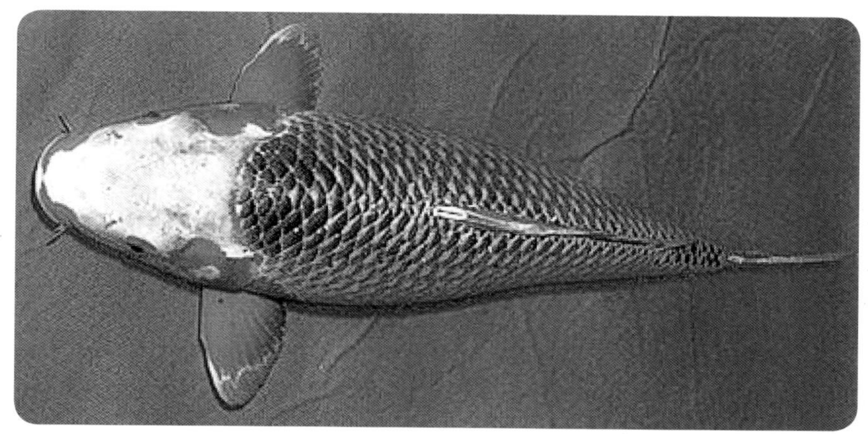

浅黄锦鲤

（五）泻系（或称写系）

泻系像中国传统的水墨画，白底黑斑块的称为白泻锦鲤，黄底黑斑块的称为黄泻锦鲤，红底黑斑块的称为绯泻锦鲤。其中白泻锦鲤最常见，也最受欢迎，现在白泻锦鲤甚至被一些专业人士与“御三家”合并称为“御四家”。白泻锦鲤墨板的要求与昭和三色锦鲤一样，所以有时昭和三色锦鲤的后代里面也有白泻锦鲤。

白泻锦鲤

（六）别光系

别光系与泻系类似，体表有黑色和另外一种颜色，黑色斑纹比泻系的相对较小，而且黑斑是在表皮上的，不上头，其黑斑纹与大正三色系同源同质。实际上，在大正三色系的后代中常常会出现一些别光系。别光锦鲤按底色分为 3 种：白别光锦鲤，为白底黑斑；黄别光锦鲤，为黄底黑斑；赤别光锦鲤，为红底黑斑。

（七）花纹皮光系

所谓皮光鲤，是指体表光泽度明显高于普通鱼类的锦鲤，而花纹皮光鲤的体表有不少于 2 种颜色（鳞片边缘颜色使鱼体形成网纹不属此类），一般是由泻系以外的锦鲤与黄金锦鲤近缘杂交产生的后代，其中有很多著名的分支品系，包括秋翠锦鲤、大和锦锦鲤、锦水锦鲤、菊水锦鲤、贴分锦鲤、孔雀黄金锦鲤、红孔雀锦鲤等。中国的锦鲤爱好者一般对这个大品系没有很清晰的概念，秋翠锦鲤和孔雀锦鲤在中国很受欢迎。

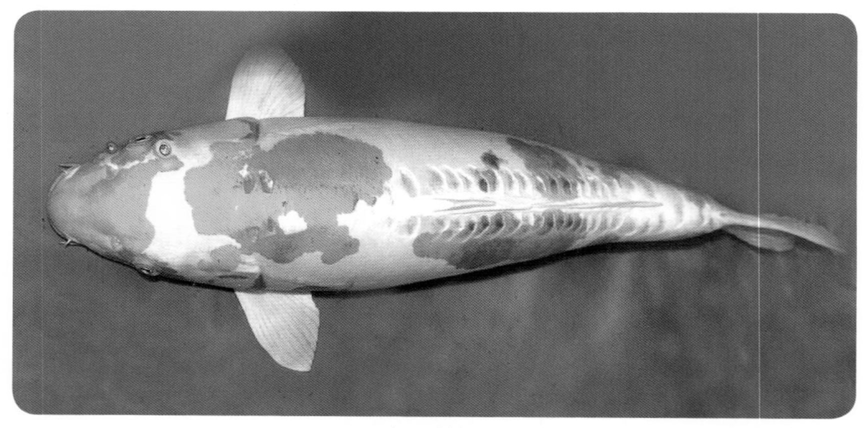

秋翠锦鲤

秋翠锦鲤是浅黄锦鲤与德国镜鲤（全身仅背鳍基两侧有鳞片或侧线还有一排鳞片的鲤鱼）杂交的后代，其特征是全身仅背鳍基两侧有细小的鳞片，其余部分裸露，头部及背部白色透着轻微的蓝色，鼻尖、面颊、体侧及鱼鳍基部都有红斑点缀，较闻名的有花秋翠锦鲤、

孔雀锦鲤

绯秋翠锦鲤等。

孔雀锦鲤，是在中国最受欢迎的品种之一。前面已经介绍，孔雀锦鲤是花纹皮光鲤的一种，是花纹皮光鲤中的秋翠锦鲤与金松叶锦鲤或者贴分锦鲤杂交产生的，而该鱼的外观几乎就是浅黄锦鲤的基础上加上一些红色斑块。

（八）衣系

衣，衣服也。衣系是指在原色彩的基础上再穿上一层漂亮外衣的那些锦鲤。最具代表性的是红白锦鲤与浅黄锦鲤的交配后代——蓝衣锦鲤，该鱼底色为白色，红斑块中的一部分鳞片的后缘呈蓝色，在这一片区域组成网状纹。墨衣锦鲤，在红白的红斑上再浮现出黑色斑纹。另外，大正三色锦鲤与浅黄锦鲤杂交产生衣三色锦鲤，昭和三色锦鲤与浅黄锦鲤杂交产生衣昭和锦鲤。

衣锦鲤

（九）无花纹皮光系

无花纹皮光鲤是光泽度比较高而没有花纹的锦鲤，简单地说，就是单色锦鲤，但是不包括墨鲤。虽然没有花纹，但是可以有鳞片边缘的异色构成的网纹。著名的代表为黄金锦鲤、白金锦鲤。黄金锦鲤在中国有时被作为一个独立的大品系，而日本原种的黄金锦鲤也分几个小品种，如山吹黄金锦鲤、橘黄黄金锦鲤等。

黄金锦鲤

（十）光泻锦鲤

光泻锦鲤是泻锦鲤和黄金锦鲤交配所产生的后代，有金昭和锦鲤、银昭和锦鲤、银白泻锦鲤、德国光泻锦鲤等几个小分支品系。

（十一）金银鳞锦鲤

金银鳞锦鲤是身上具有闪闪发光（金属般闪亮）的金色或银色鳞片的锦鲤。当金银鳞位于白色皮肤（底肌）之中时，被称为银鳞，当金银鳞位于绯盘或黄金鳞片之中时，被称为金鳞。实际上金银鳞锦鲤并不是独立的品系，因为很多品系中含有金银鳞的分支，比如银鳞红白锦鲤、银鳞三色锦鲤、银鳞昭和锦鲤、银鳞白泻锦鲤、银鳞黄金锦鲤等。

银鳞红白锦鲤

（十二）丹顶锦鲤

额头部位有一块红斑的锦鲤，称为丹顶锦鲤。由于和日本国旗相似，丹顶锦鲤在日本是很受欢迎的，而在中国，因为“红运当头”的美好寓意，同样也广受喜爱。其实严格地说，丹顶锦鲤也不应该算作独立的品系，它们应该是在相应的品系里设的分支，比如丹顶红白锦鲤、丹顶三色锦鲤、丹顶昭和锦鲤等。如果一尾锦鲤仅以“丹顶”命名，那么这尾鱼必定是全身白色，除头部的圆形红斑之外没有其他任何色斑的。

丹顶锦鲤

（十三）德国系

最初由德国镜鲤与日本锦鲤杂交，再由此杂交子代进行近亲交配，经选育而获得有锦鲤体色而又几乎无鳞的鲤鱼。德系锦鲤有红白、大正、泻、九纹龙等体色类型，有的在品系分类上并不将其单列为一个品系，而是将它们纳入相应体色代表的品系，但是从生物学角度看，德系锦鲤与其他锦鲤有形态差异，而其他锦鲤之间只有体色差异，因此完全应该成为单独的支系。

（十四）变种鲤

只要是不能归入上述 13 个品系的锦鲤，通常都称之为变种鲤。变种鲤之间不一定有遗传上的联系，不是一个品系，包括乌鲤、黄鲤、茶鲤、绿鲤等 20 多个品种。

德系锦鲤

变种鲤

茶鲤

（十五）长鳍锦鲤

长鳍锦鲤又称龙凤锦鲤或凤鲤，不属于日本锦鲤的任何品系，应该可以独立于日本锦鲤之外成为一个独立的品种，但是它与日本锦鲤有牵扯不清的渊源，可以算是中国锦鲤的一分子。长鳍锦鲤是用我国广西的长鳍鲤与日本锦鲤杂交，再经过近交、回交等育种方式多代培育而获得的观赏鲤新品种。该品种的主要特征是鳍很长，特别是胸鳍和尾鳍，胸鳍长而宽，可长达尾柄后部，尾鳍长度可达躯干长度的 1/2。长鳍锦鲤躯干形态与日本锦鲤相似，体色对应日本锦鲤各主要品系，但是复色的个体几乎没有在色斑模样方面能达到日本锦鲤 A 级鱼标准的，颜色界线往往不够清晰。

长鳍锦鲤

二、鉴赏

鉴赏是指对品质高低的鉴别判断和对优点的发现与欣赏。直白地说，鉴赏锦鲤，就是判断锦鲤品质的好坏，还有就是明白这条鱼好在哪儿。所以，鉴赏实际上包括品质鉴别和欣赏两个方面，这两个方面可以相互独立，也可以结合在一起。

品质鉴别，也称为品鉴、品评，这需要比较高的品质鉴定水平和丰富的经验。当然这并不是说只有锦鲤领域的专业人士才可以进行锦鲤品评，业余爱好者也常常有品鉴活动，特别是在日本一些锦鲤爱好者比较多的地区，有一些由业余爱好者组成的协会或者俱乐部，会员们常常把自己最得意的鱼拿来请大家品鉴一番，或者定期或不定期地组织团体内的品鉴活动。另外，业余爱好者选购锦鲤时，也需要有一定的品质鉴别能力，否则难以保证物有所值。

专业的品鉴活动，在日本已有数十年历史，在我国也有 20 多年的历史。这些品鉴活动规模有大有小，规模大的往往称为“大赛”，而规模较小的常称为“品评会”“品鉴会”等。不论规模大小，都有很强的延续性，形成传统，比如“中国（国际）锦鲤大赛”自 2001 年创办以来，每年举办一届，到 2015 年已经举办了十五届。同样是 2015 年，“全日本总合锦鲤品评会”举办了 46 届，“全日本爱鳞会全国锦鲤品评会”举办了 51 届，“香港锦鲤品评会”举办了 30 届。

中国锦鲤 30 年会场

锦鲤进入中国市场 30 年之际，中国锦鲤大赛也举办了十五届。

一般而言，锦鲤品鉴看体形、色泽（色质）、模样（斑纹）、泳姿 4 个方面。在不同地区、不同场合、不同规格或不同品系的锦鲤，品鉴的侧重面可能略有差异，在日本正式的锦鲤比赛中，按百分制划分权重，体形 40 分，色泽 30 分，模样 20 分，泳姿 10 分。中国锦鲤大赛参照日本的标准，但是一些地区性的锦鲤品鉴，体形、色泽、模样三个方面没有轻重的分别，泳姿常常被忽略，因为难以区别。

（一）体形

体形最基本的要求是脊柱笔直，静态俯瞰左右对称。

体形还包括胸鳍的形态，要左右对称，胸鳍大小与身体大小比例正常或略大于正常比例，整个胸鳍轮廓较圆润，胸鳍基部够大，够有力。

成年锦鲤（一般指全长 60 厘米以上，年龄至少 3 岁）以健硕的体形为美。健硕与肥胖不同，健硕的锦鲤应该是头部比较圆，尾柄比较粗，躯干粗大，体围最大的地方在胸鳍与腹鳍之间，后腹部不应该有大肚腩，后腹部向尾柄过渡平缓而不应猛然收细。从鲤背俯瞰，以胸鳍与腹鳍之间最宽，头部眼睛部位的宽度比身体最大宽度略小。

成年锦鲤的体形有雌雄差别，雌性更丰满，同样长度雌鱼比雄鱼重，体高更大，而且雌鱼后腹部较为膨大。从有品鉴会开始直到 20 年前，在日本各级比赛获大奖的都是雌鱼，这是因为雌鱼更丰满，符合当时日本锦鲤美学价值观。后来风气有所改变，对锦鲤的审美观有一些微小的变化，有可能是因为日本锦鲤业者开始认识到肥胖和健壮的差别吧。

锦鲤幼鱼体形雌雄差别不明显，也没有成鱼那么丰满，比成鱼更为侧扁，这是它的生长规律，幼鱼的体形要求肥瘦适度，从侧面看体高比野鲤大，头比野鲤大，没有驼背或者向后突然收窄，俯瞰头部与躯干中部几乎同宽。

大三家锦鲤体形的评分权重是 40%，其他品系可能体形的权重还要高，比如黄金、白金这样的单色品系，没有花纹，品质高低主要看体形。

（二）色泽（色质）

好的锦鲤应该色泽浓郁、均匀，不同颜色之间分界明显，即切边清楚，没有两种颜色之间的过渡带或中间色。另外，好的锦鲤应该皮肤有光泽，有晶莹润泽的视觉效果。

大三家锦鲤色泽的权重是 30%，其他品系不一定相同，比如黄金、白金这样的单色品系，没有花纹，模样分会加在体形和色泽上。

（三）模样（斑纹）

模样是指色块的布局和搭配，不同品系有不同的要求，比如红白锦鲤的一头二肩三尾结、红不过腹等。在锦鲤评比中，模样尽管只占 20 分，但往往是较量的中心，既考校鱼又考校评判者，因为对于高品质的锦鲤而言，前面 3 项几乎没有什么差别，都可以说没有什么缺陷，但是模样则没有两条鱼是相同的，也没有哪条鱼是完美的。

（四）泳姿

锦鲤应该是雍容华贵的，泳姿应该反映这样的气质。所以，好的锦鲤游泳时应该是从容、稳健、缓急得宜的。泳姿也能反映一条鱼身体是否对称、体轴直不直以及是否健康等。

上述四元论的品鉴标准是以成年（通常是指全长 60 厘米以上）锦鲤为对象的，近 20 年来各锦鲤大赛、品鉴会都设置未成年组别，它们的品鉴标准也是以四元论为基础，但不完全相同，还要考虑成长潜力、生长速度对色泽造成的影响等。

三、主要品系的品鉴

就锦鲤质量品鉴的 4 个方面而言，不论什么品系，体形和泳姿两方面的要求是一致的，因品种而异的是色泽和模样。

（一）红白系

红白系是锦鲤的代表品系，是锦鲤中最有代表性的，一般学习锦鲤鉴赏都是从红白系开始。

锦鲤的品鉴，其基础是质量判别。质量判别是技术性的，而品鉴则增加了艺术性的感悟。锦鲤质量判别，目前我国已颁布实施的有一个国家行业标准，即水产行业标准《锦鲤分级红白类》(SC/T5703—2014)。这是一个推荐性标准，适用于养殖场、商家对红白锦鲤进行分拣、分级时采用，读者可以通过学习这个标准掌握一般的质量判断。但是这个标准对于竞赛评比没有太大的价值，因为标准只是把红白锦鲤分成 A、B、C、D 4 个级别，而比赛的全部都是 A 级鱼，A 级鱼之间的比较超出了分级标准的范围。

红白锦鲤不论是白底还是红斑都要色泽浓厚，不能透出皮下肌肉的颜色，红斑也不能浓淡不均，红斑和白底之间要界线（术语称“切边”）清晰，如同在白纸上贴了一张厚厚的红纸一样，没有过渡色，皮肤表面要有正常的油亮光泽。所谓“模样”，是指斑纹的形态和分布。红白锦鲤有很多小品系，正是根据模样来划分的。但是不论哪个小品系，模样方面都有这些共同要求：红斑不过腹（以侧线为界），头、肩（胸鳍上方的背部）、尾柄必须有红斑（可以连在一起）。具体一点讲，头部必须有红斑，而这块红斑向下延伸覆盖的范围不要超过眼的下缘，向前以眼为基点呈弧形覆盖。肩部红斑两边要有缺口，俯瞰不能完全充满。背鳍后部至尾鳍之间，比生物学上所述的尾柄范围更大，这个部位要有红斑，但不能完全充满。

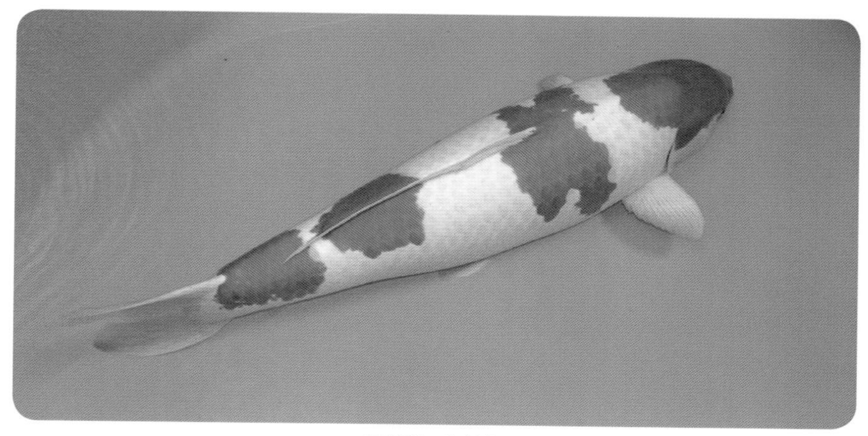

四段红白锦鲤

这是一尾获得巨鱼奖的四段红白锦鲤，其出色之处不仅仅是个体大，还拥有出色的体形、洁白的底肌、纯正的斑纹色彩、清晰的切边。

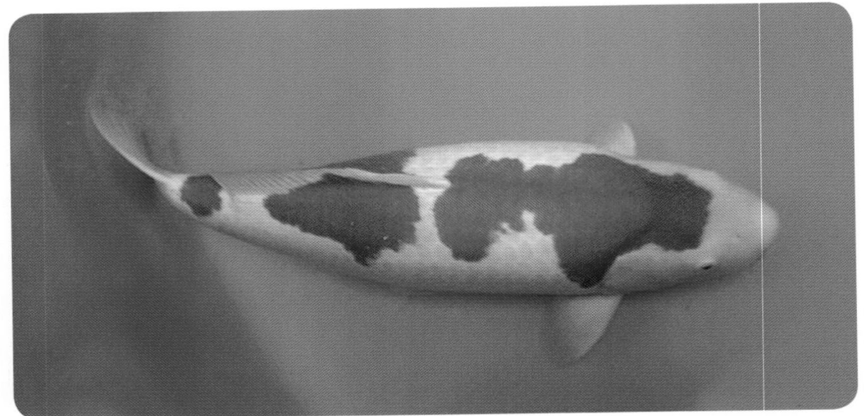

三段红白锦鲤

三段红白锦鲤在高档锦鲤当中还是比较常见的，这尾鱼体形、底肌、绯盘模样、切边等各方面都很出色，是一尾有资格参加比赛的好鱼。

二段红白锦鲤

二段红白锦鲤在高档锦鲤当中也是比较常见的。这尾出现在顺德长龙锦鲤场举办的日本某鱼场锦鲤拍卖会的二段红白锦鲤，年龄大约15个月，全长已经达到50厘米左右，生长快，潜力大，体形、底肌、绯盘模样、切边等各方面都比较理想。

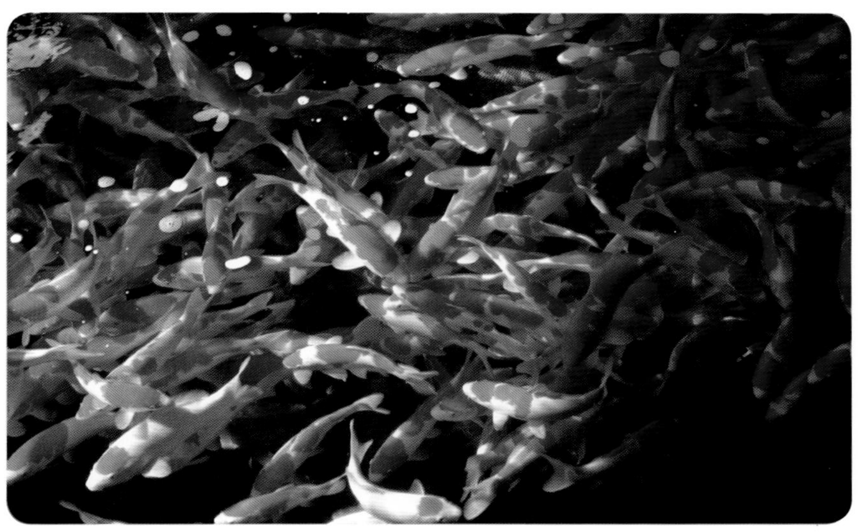

一群一级红白锦鲤

这些当岁锦鲤都是一级品，首先体形健壮、线条流畅，其次白肌（底肌）像瓷器一样洁白，绯盘很浓厚，切边清晰。

国产中档红白锦鲤

作为 30 厘米左右的小鱼，这批红白锦鲤体形还算不错，稍微有点瘦，色泽不错，底肌够白，绯盘正红，但是绯盘的边缘明显有过渡色，切边不清晰，所以在国内也只能算中档鱼。

（二）大正三色系

这个品种相当于在红白系的基础上再加上黑斑，所以大正三色系实际上是以白色为底，红斑为主要色斑，黑斑为次要色斑的。所以，底色及红斑的要求与红白系是一样的，而其黑斑，要求墨质浓厚、边界清晰，黑斑的面积不要太大，但也不能太小变成点，分布在鳃盖后的背部，直接浮现在白底之上，或者出现在红斑中间，或者紧贴红斑都可以。

两岁的大正三色锦鲤

这一尾大正三色锦鲤体形符合标准，底肌洁白，绯盘色泽不错而且分布的平衡性也好，但是黑斑都分布在身体后半部分，有点重心偏后的感觉，因此这是一尾一级鱼，但不够完美。

（三）昭和三色系

在锦鲤品质评定中，昭和三色系是最难的一个品系，这得到锦鲤评判界的公认。究其原因，是因为昭和三色系变化太多，很难给出一个固定的标准，甚至给出一个明确的文字化的标准都很困难，而成为一个昭和锦鲤评判的大师，需要多年的经验积累，往往是多年来被证明和以往成名的锦鲤评判大师观点高度接近，才会被接纳为新的评判大师。尽管很难，但并不意味着毫无规律可循。

日本的行业内人士认为，昭和三色系是黑色底上面有白色和红色的斑纹，它和大正三色系的差别绝对不仅仅是墨斑的大小以及上头不上头的问题，尽管墨斑可以

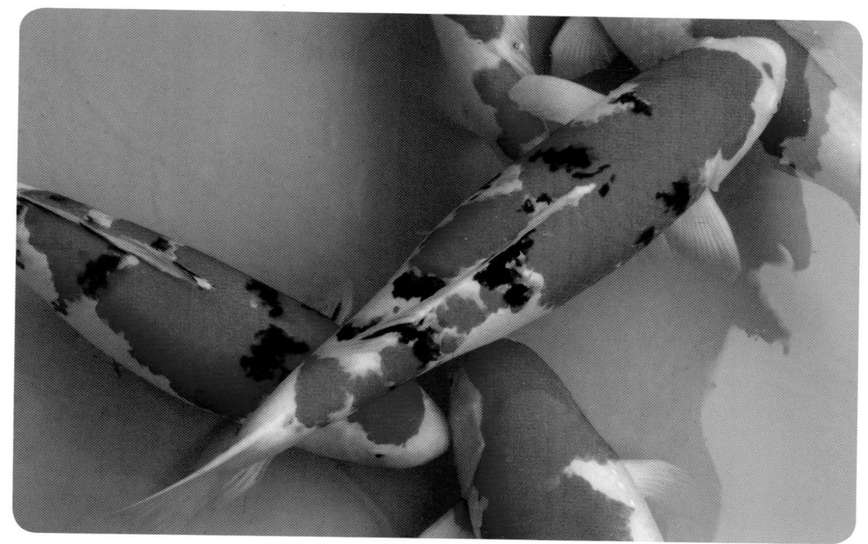

优质的大正三色锦鲤

这一尾大正三色锦鲤感觉比前面一条更出色，其体形完美，底肌瓷白，绯盘色泽浓厚，虽然前部红盘较厚重，但后部红盘特别是尾结实现了整体的平衡，墨斑也很好，色浓、平衡而不死板，因此这是一尾将来可以参赛获奖的鱼。

比白斑更大，也可以比白斑小，这都不是决定性的，关键是色斑的质地及模样。

就色泽而言，红色及白色的质地要求与红白系、大正三色系是一致的，就是色泽浓厚、没有过渡色、没有透色。不过相对于红白系和大正三色系来说，红色色块（绯盘）的重要性在昭和三色系来说要小很多，对于昭和三色系来说，墨斑更重要。

墨斑，也就是黑色斑块，要求与红斑不一样。墨斑主体部分自然是越浓郁越好，但在墨斑的边缘，可以有交界过渡的色泽表现，就是墨质从真皮层透出来。该位置的表皮却是白色色斑或者红色色斑的一部分，有这样的过渡色是很正常的，因为昭和锦鲤的黑色素细胞植根于真皮层，而白色和红色的色素都是分布在表皮的，灰色的墨质过渡状态反映了墨质发展的潜力。这些从真皮层投射出来的黑色素细胞，将不断发育、向表皮扩张，将来这片区域将最终成为墨斑。所以，往往 3 岁之前的昭和锦鲤身上都会有大片的“灰色地带”，这代表着具体这一尾昭和锦鲤墨质的发展潜力，同时也表明这尾昭和锦鲤的墨质是有真皮层的黑色素为基础的，这种墨质将来一定比大正三色的墨质更稳定。昭和三色锦鲤的墨质发育过程很长，有个别的到七八岁还有新的墨质从真皮层发育到表皮层。

对于昭和三色系来说，模样方面的要求很难像昭和锦鲤或者红白系那样明确。一般而言，红斑当然也是不过腹（即不超过侧线）为好，前中后分布相对比较平衡为好，但是向前越过了眼部也完全不成问题。白质部分的模样无法描述，可以将它理解为红斑与墨斑留下的空隙。而墨斑，好的昭和应该有大片的墨斑，形态不可以太工整，身体前后墨斑的分布不能太过失衡，全身的墨斑全部相连没有关系，这样似乎更符合日本人对昭和三色系的定义。

获全场冠军的昭和锦鲤

获全场季军的昭和锦鲤

这两尾昭和锦鲤都是铭鲤级别的，上图这尾是冠军，下图这一尾则在同一届比赛中获得季军。这两尾鱼在体形、泳姿方面都比较完美，品评得分的差别主要来自色泽和模样。获冠军的这尾鱼红盘明显分为 4 块，分布较均衡，墨斑比较有特点，前后较平衡，而左右不同平衡，墨斑在背部中线整齐切割，更重要的是，头部和鳃部的青鳞，代表着墨质将来在这些位置还有发展，头部必将出现人字纹，而人字纹是昭和的金字招牌。获季军的这尾昭和，红盘的模样没有那尾冠军鱼好，墨斑方面同样有左右失衡的情况，而且头部墨太重，身上的墨没有青鳞，墨质完全显现，缺少变化。

（四）浅黄系

身体的颜色浅蓝、浅黄、浅咖、深蓝都可以，色泽要均匀，鳞片边缘白色，构成的网纹要清晰，胸鳍基部（甚至整个胸鳍）、背鳍基部、尾鳍基部、面颊及身体两侧红色，色泽均匀而且浓郁的最好。

（五）泻鲤

泻鲤源于昭和三色锦鲤，相当于昭和三色中保留黑色，而少了红色或白色。

白泻锦鲤相当于只有黑白两色的昭和锦鲤，墨质与昭和三色锦鲤相同，而红色部分被白色取代，由于少了一种颜色，色彩更简单，因此对黑色和白色的要求反而比昭和三色锦鲤更高。

白泻锦鲤

这尾来自顺德长龙锦鲤场的白泻锦鲤堪称经典，体形、色泽、模样各方面都符合白泻锦鲤的品鉴要求，是一尾铭鲤级别的好鱼。

白泻锦鲤要底色洁白、凝实，墨质要聚集、浓厚，但是墨斑的边缘有一些正在从真皮层浮现的墨质（即青墨）也是允许的。要有大块的墨，头部要有墨斑，肩部也要有墨斑，尾柄要有墨斑（称为尾结）。对头部的要求比昭和三色锦鲤更高，头部的白肌一定要够白，不能发黄，头部墨斑是人字纹最好，从肩部斜插向头部中心的墨斑也不错。头部墨太重，超过头部皮肤的 2/3 以上，则不是很理想。在意境上，白泻锦鲤感觉应该如洁白的宣纸上画的一幅水墨画，能够给人这样的感觉的白泻锦鲤，品级都不会太差。

白泻小鱼

就 30 多厘米的小锦鲤而言，这尾白泻锦鲤的体形是合乎标准的，白肌和墨质都不错，头顶带米黄色。虽然不符合顶级白泻锦鲤的标准，但是对于这种规格的小鱼而言，这很正常。

绯泻锦鲤的底色要色泽均匀、浓厚，墨质的要求与白泻锦鲤一样，但是绯泻锦鲤对模样的要求比白泻锦鲤的要求低，一般不太注重墨斑的平衡性，主要注重墨斑的规模和凝聚性。

绯泻锦鲤

这是一尾参加比赛并获奖的绯泻锦鲤，其体形很好，绯质均匀、浓郁，墨斑大而凝聚，特别是头和肩部的墨斑是其出彩之处，主要的墨斑都在身体后部。如果是这样的白泻锦鲤一定会给人严重不平衡的感觉，成为减分项，但在绯泻锦鲤就不会有太大影响，或许是因为橙色和黑色之间的反差没有黑白那么强烈吧。

（六）无花纹皮光锦鲤

我国较常见的品种是黄金锦鲤和白金锦鲤，在日本这些品种还细分为松叶黄金锦鲤、山吹黄金锦鲤、绯黄金锦鲤、白金黄金锦鲤等，我国通常不会这样细分。

一般而言，无花纹皮光锦鲤要求色泽均匀、浓厚，反光度高，胸鳍与身体的颜色一致，背部与腹部的颜色几乎一样。我国黄金锦鲤常常出现腹部接近白色的个体，这属于质量缺陷，挑选时要特别注意。

黄金锦鲤

这尾黄金锦鲤的体形很好，但是因拍摄角度的缘故不能完全表现出来。色泽很均匀、明亮，反光度很高，腹部几乎和背部色泽完全一样，鳞片间隙构成清晰的网纹，这是优质高档锦鲤必备的重要特征。

白金锦鲤

这尾白金锦鲤看上去像一个银质铸件，色泽均匀，反光度高，银灰色比亮白更具金属质感，因此更受欢迎，而且这尾鱼网纹很清晰，体形很标准，因此也是一尾上等好鱼。

（七）花纹皮光锦鲤

优质花纹皮光锦鲤的要求：一方面是反光度要高，另一方面，底色要浓厚，色斑要质地浓厚、边缘与底色界线清楚、分布相对均衡。以孔雀锦鲤为例，底色要具备“浅黄”品种的特征，红色色斑越浓越好，边缘要清晰，头部、肩部、背鳍基部都要有红斑分布（可以相连），尾柄还要有小块的色斑。

孔雀锦鲤

这一尾日本原种的孔雀锦鲤具备该品种优质鱼的各方面特征，颜色好，色泽均匀，网纹清晰，头顶色匀而干净，光泽度高及模样好。

国产孔雀锦鲤

和上一尾孔雀锦鲤相比，这一尾孔雀锦鲤明显低了一个档次，其头比较狭窄，体形不理想，斑纹模样方面，色斑太小，身上网纹（鳞纹）不清晰。它的优点是光泽度好，色斑均匀干净，所以总体上算是一尾中档鱼。

（八）丹顶系

丹顶品系中有好多个小品种，包括丹顶红白锦鲤、丹顶大正锦鲤、丹顶昭和锦鲤等，而唯有丹顶红白锦鲤可以简称为丹顶，可见丹顶红白锦鲤是这一品系的正统代表。质量判别当然会有具体品种的差异，限于篇幅，无法一一详述，概括地说，除了所有锦鲤共同遵循的两点要求，即体形和泳姿之外，色泽和模样方面，就是看头部的红斑和躯干两部分。红斑要圆、正、大。所谓圆，当然不可能像圆规画的那样圆，但是越接近圆形越好，越对称越好；正，就是位置正好在头顶正中间，左右对称，前后则以横向中心线与鼻孔和头骨后缘（无鳞处）的平分线重叠为好；大，左右到达眼眶，前部到达鼻孔，后部到达头骨后缘就足够大了。

除了丹顶红白锦鲤之外，其他丹顶锦鲤品种，躯干部分要符合相应品种的要求，比如丹顶昭和锦鲤，躯干部分就按昭和锦鲤的要求。对于三色类丹顶锦鲤来说，有一点特殊，就是红斑方面的要求有点特别，它们的丹顶可以是全身唯一的红斑，也可以身体上还带有大块的红斑。目前，有一些鱼场的丹顶红白锦鲤已经有比较稳当的遗传性，可以用同品种配种繁殖生产丹顶红白锦鲤，当然品质达到一级水平的比例仍然不高，但是不管怎样，这样配种目前已经用于批量生产丹顶

丹顶红白锦鲤

典型的丹顶红白锦鲤就是这样，全身白色，唯有头部一块圆形的红斑。这一尾丹顶锦鲤体形健壮，无可挑剔，底肌白皙、鳞纹清晰，红斑位置恰好，而且够大，唯一的不足是红斑不够圆。总的来说，这是一尾顶级锦鲤。

红白锦鲤。但是其他的丹顶锦鲤品种似乎遗传率依然非常低，丹顶三色锦鲤依然是可遇不可求。

丹顶三色锦鲤

丹顶白金锦鲤

虽然丹顶白金锦鲤现在比以前更常见了，但实际上这依然是很稀有的品种，品相好的更是可遇不可求。这一尾丹顶白金锦鲤，体形、色泽、光泽都是顶级水平，几乎无可挑剔，在银灰色的身体上，红斑显得更为鲜艳，强烈的色彩反差比丹顶红白锦鲤产生更强的震撼效果。当然，其红斑虽然位置正、块头大，但是形状不够工整，是一个缺憾。总的来说，这是一尾顶级锦鲤。

（九）变种鲤

变种鲤有好多个品种，彼此之间差异很大，很难定一个共同的鉴赏标准。当然，变种鲤变的是色泽，在体形、泳姿方面，所有的锦鲤都是一样的审美要求。

变种鲤中最常见的是茶鲤，最神奇的是九纹龙锦鲤。

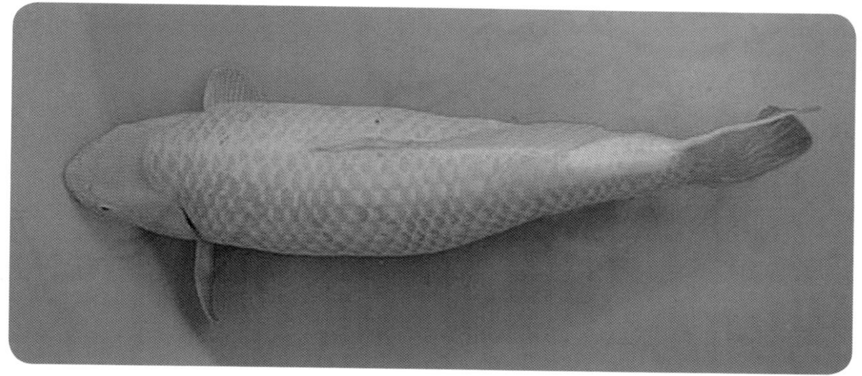

黄茶鲤

茶鲤中最常见的颜色是浅棕色，黄茶鲤相对较少见。这尾黄茶鲤体形、泳姿无可挑剔，颜色很淡，以至于皮肤好似半透明，肌肉的粉红色从皮下透射出来，使这尾鱼显得比较淡雅，清晰的鳞纹符合人们对单色锦鲤的审美要求。

金鳞茶鲤

这尾茶鲤的本色是常见的，但是带有金银鳞的茶鲤就不多见了。这尾鱼体形完美，本色均匀，其金银鳞遍布整个背部，这是高素质的表现，所以是一尾顶级变种鲤。

火鲤

初看这尾鱼可能会奇怪，为什么它没有在一挑二挑的时候就被淘汰。因为它和“红棒”（又称“红瓜”）确实很像，有些人会认为它就是一尾红棒，但其实它和红棒是有区别的，区别在于，这尾鱼的鳍都是红色的，和身体一色，而红棒的鳍是无色（或微白）透明的。火鲤其实并不多见。这尾鱼的颜色很鲜艳、纯正、均匀，特别是鳍和身体颜色完全一样，符合对火鲤颜色的审美要求。

3

锦鲤的繁殖、育苗和良种培育

锦鲤的繁殖育苗和培育对于以锦鲤为业的专业人士来说有较大意义。锦鲤消费者对繁殖育苗关注较少，但是如果消费者能够了解锦鲤的整个生活史，知道所豢养的爱鲤是怎么来的，知道培育一尾出色的锦鲤需要付出的辛苦劳动和其中所包含的技术经验，或许能帮助你平复因锦鲤不可思议的价格而带来的愤愤不平的情绪，也可以使你面对自家水池中突然出现的鱼卵时更加坦然。

对于锦鲤生产者来说，繁殖出锦鲤鱼苗都不是问题，但是提高产卵和孵化效率、培育出更多的一级品、保持原种的优良种质，是大家都关心的。这里或许能在这方面给你带来助益。

一、亲鱼培育和挑选

每年春季，当水温上升到 18℃以上时，一个水体同时具备雌雄成熟锦鲤的情况下，在鱼巢和雨水或流水的刺激下开始其自然繁殖。在我国南方，锦鲤理想的繁殖时间是清明节前后，最迟 5 月上旬。

锦鲤繁殖成功的关键是：优质的适龄亲鱼、合理的配组、恰当的时机。所以，繁殖的准备工作要从后备亲鱼培养开始。

（一）后备亲鱼培养和挑选

在冬季挑选后备亲鱼，用于第二年春季繁殖。挑选要求是：健康无伤病、粗壮、头部宽阔而饱满、体表光泽明亮、颜色饱满度高、色块清晰而均衡符合其品种特征并达到 A 级鱼标准。挑好之后最好雌雄分别养在不同的土池中，以避免出现非人工控制的配对产卵。

亲鱼雌雄鉴别：雌性泄殖部突起而柔软，丰满，有卵巢轮廓，通体滑腻；雄性泄殖孔凹陷，结实，繁殖季节通体粗糙有滞手感，稍挤压后腹部即有精液排出。

（二）亲鱼挑选

冬季来临时要将雌雄亲鱼分开，分别放在不同的池塘中培育，这个操作称为分塘。锦鲤雌性最佳繁殖年龄为 3+ 至 6+（3~6 冬龄），特别优异的个体在 9~10

冬龄时仍可作亲鱼使用。因此，雌雄分塘时可挑选 2+ 至 5+ 的雌鱼。经产鱼以其子代的质量为主要挑选依据，淘汰子代质量不佳的个体，淘汰年龄过大的个体。优质锦鲤的雌鱼一般不会连续 3 年用于繁殖。因此，4+ 或以上的雌鱼应根据以往的记录，考虑次年春是否用于繁殖。雌亲鱼的挑选，首先要求健康无伤病，卵巢发育良好，有卵巢轮廓，适度丰满，色泽浓郁，色块清晰，符合品种顶级质量要求。雄鱼最佳繁殖年龄为 2+ 至 4+，因此分塘时应选留年龄为 1+ 至 3+ 的个体，要求健壮而比雌性亲鱼略微修长，腹部没有明显膨大，其他要求与雌鱼类似。雄亲鱼数量应为雌鱼的 1.5~2 倍。

分塘后的亲鱼采用低密度养殖，养殖池面积 600~2 000 米 ^{2} 即可，养殖密度为 0.3~0.5 千克 / 米 ^{2}。冬季每天投喂 1 次，每次投喂量为鱼体总重的 1%。饲料应含较高的蛋白质，并含有丰富的维生素和矿物质。春季水温上升到 15℃以上时，适当加大投喂量，并每周冲水 1 次。

水温上升到 20℃以上时，可以开始进行繁殖。水温稳定在 23~25℃时最佳。

二、繁殖

（一）配对繁殖和催产

锦鲤的斑纹色泽和形态、分布有很多的变化，但并非全无规律。品系或品种的起源各不相同，有些是选育而成，有些是按照经验模式杂交而成。如果不讲品种的随意配种，很可能一窝几十万条后代中，无一条上品，而且还会因为种系的混杂，使这些后代也失去作为种鱼的价值。因此，配种一定要注意品系问题。

由于锦鲤品系太多，这里只能介绍总体的规律：主要品系一般采用同品系配对；红白锦鲤是锦鲤的“基本型”“原始型”品种，可以作为亲本之一与其他带有红色斑纹的品种配对。

锦鲤的人工繁殖有四种方式：人工配对自然产卵、注射催产激素自然产卵、人工催情后人工授精、不注射催产激素人工授精。

1. 人工配对自然产卵

人工配对自然产卵的方式至今在日本仍然有鱼场采用。在水温接近 25℃时挑选后腹部膨胀松软的母鱼，每尾配以身材、规格、年龄略小的同品种雄鱼 2 尾成为一组。雄鱼应发育良好，轻压后腹部有浓厚且遇水迅速散开的精液。每组用一个 15~30 米 ^{2} 的小池，投入适量鱼巢，昼夜以中等流量冲水，24 小时之内一般能获得相当于怀卵量 1/2~2/3 的受精卵。

2. 注射催产激素自然产卵

注射催产激素自然产卵是比较常用的人工繁殖方式，我国中档和低档锦鲤的繁殖以这种方式为主。这种人工繁殖方式对水温的适应范围较大，对母鱼卵巢成熟度的要求也不很高，产卵比较集中，产卵数量大，受精率也较高，因此在我国被大多数锦鲤场接受。

这种繁殖方式实际上在水温达到 18℃时就有比较大的把握，但是为了更有利于孵化鱼苗培育，一般仍然等到水温上升到 23℃时才进行配对催产。

锦鲤对常用的催产药物都敏感，因此脑垂体（PG）、促黄体生成素释放激素类似物（LRH-A）、绒毛膜促性腺激素（HCG）、地欧酮（DOM）都可以使用。目前，促黄体生成素释放激素类似物是锦鲤催产最经常使用的药物，几乎是必用药，因为它可以单独使用，也可以和其他三种药物中的任意一种或两种搭配使用。

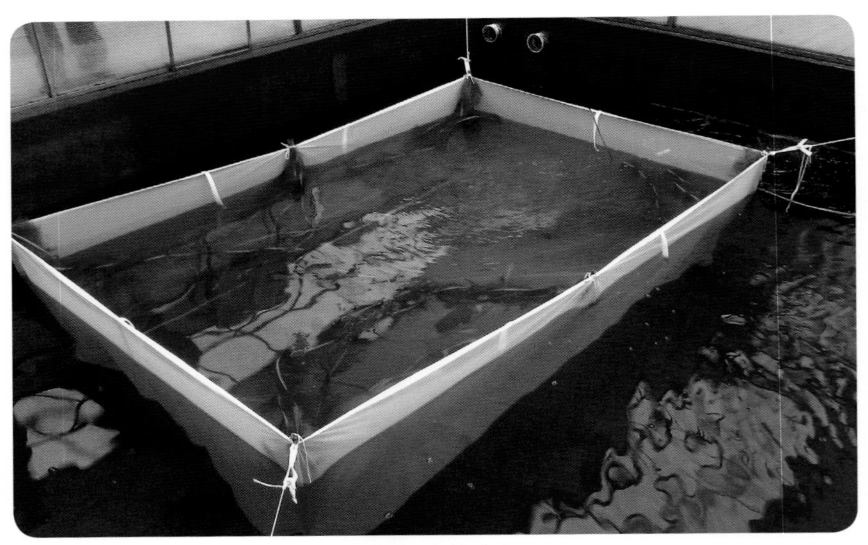

网箱内自然产卵

注射催产激素后放入网箱中，既可以自然产卵，也可以人工授精，操作比较方便。

按每千克母鱼的注射剂量计算，有下列主要药物配伍可供选择：① LRH-A 30 微克。② LRH-A 20 微克 +DOM 20 微克。③ PG1/4+ LRH-A 20 微克。④ LRH-A 20 微克 +HCG 500 国际单位，其中②和③为推荐配方。催产药物以 0.65% 生理盐水为溶剂配制，药物的浓度应控制适当，使每尾雌亲鱼注射量为 1~3 毫升为好。每千克雄鱼注射量减半，或免注射。具体操作不详述。

3. 人工催情后人工授精

这种方法的配对及催情操作与注射激素自然产卵的方式基本一样，关键是把握催产药物的效应时间。药物效应时间与水温呈负相关关系，与注射药物的种类有一定的关系，而与注射剂量几乎没有关系。以理论效应时间作为人工授精操作的依据尽管是可行的，但不如实际观察判断更便于操作、效果更好。

一般而言，当雄鱼积极追逐，雌鱼也不像开始时那样迅速逃遁，而是缓慢游动，有意配合雄鱼对其腹部的推挤和摩擦时，说明授精时机已到。如果将雌鱼头向上抱起或该鱼挣扎时有鱼卵流出，说明卵子已经达到最佳成熟度，此时正是人工授精的最佳时间，应立即进行人工授精操作。

先将雌鱼腹部用干毛巾轻轻吸干，一人抱住雌鱼让它的泄殖孔向下，对准接卵用的干的塑料盆，另一人用力从鱼的上腹部向泄殖孔方向推压，将鱼卵挤出。如果成熟好，采卵应该很顺利，推压一遍即可将 90% 以上的成熟卵子挤出。如欲采更多的卵，可再挤一次，直到挤出的鱼卵带有一些凝固的血丝。挤出的鱼卵暂时搁置一旁，避免阳光直射，同时防止接触水，紧接着在 3 分钟内完成采精和授精。采精时一人抱住雄鱼身，轻轻吸干鱼体表面，将泄殖孔对准采集到的鱼卵，或一个干的适当容器，另一人从鱼腹中央位置起两侧施压逐步推向泄殖孔方向，将采集到的精子迅速与卵子混合均匀后，倒入少量鱼用生理盐水（盐含量为 0.65%），搅动 10~20 秒，迅速泼向鱼巢，尽可能泼洒面积大而均匀，或者一面泼洒受精卵一面转动或移动鱼巢，使受精卵附着均匀，避免鱼巢上出现多层受精卵堆积的情况。

人工授精获得的受精卵也可以在脱去黏性后用孵化槽孵化，这样可以获得较高的孵化率。脱黏的方法与鲤鱼、鲫鱼受精卵脱黏相同，使用滑石粉或黄泥化成的悬浊液。

4. 不注射催产激素人工授精

这种方法就是将成熟的雌雄亲鱼放在一起，然后观察，在雌鱼发情时将这尾雌鱼和选定的雄鱼捞起进行人工授精。这种人工繁殖的方法在日本被比较多地采用。具体操作程序如下：

在水温接近 25℃时，挑选体形、色泽等各方面符合要求的亲鱼，选后腹部膨胀松软的雌鱼，数尾或十几尾放入产卵池或网箱，然后放入相应数量、相同品系、身材规格年龄略小的雄性亲鱼（也就是准备用来与雌鱼配对的雄鱼）。此外还可以适当增加一些雄鱼，投入少量鱼巢增加对鱼的刺激。昼夜以中等流量冲水，待亲鱼入池 8 小时后开始，由有经验的人专门观察守候。当雄鱼积极追逐，雌鱼也不像开始时那样迅速逃遁，而是缓慢游动，有意配合雄鱼对其腹部的推挤和摩擦，追逐时雌鱼偶尔将尾鳍上部露出水面，说明授精时机已经到来。如果将雌鱼头向上抱起或该鱼挣扎时有鱼卵流出，说明卵子已经达到最佳成熟度，此时确定无疑是这尾雌鱼人工授精的最佳时间，应立即进行人工授精。

需要注意的是，由于没有注射催产激素，雌鱼在配对开始时的成熟度也不会完全相同，所以每条雌鱼发情的时间是不一样的。当有一尾雌鱼达到最佳排卵时间时，应该立即将这一尾雌鱼捞出，再将预先准备配这尾鱼的雄鱼捞出，进行人工授精，其他的鱼暂时不要理会，仍然继续观察。

（二）孵化

孵化的一般方法是产卵完毕后，尽早将亲鱼移走，放回亲鱼培养池（雌雄同池）调养，受精卵则移至孵化池孵化，或原池孵化，但应立即更换 80%~90% 新水，或者将鱼巢移至育苗池孵化。

孵化需要适当的水温、充足的溶解氧、适度的光照、良好的水质，所以孵化时，如果不是人工脱黏的鱼卵，而是鱼巢上的鱼卵，可以直接放在水泥池孵化，或在育苗池悬挂网箱，将鱼巢置于网箱内孵化。不论在何种水体中孵化，都要控制密度、保证水质、打气充氧。一般水泥池中孵化密度的上限是 10 万粒 / 米^3，池塘网箱中孵化密度视条件而定，如果有条件打气充氧，孵化密度的上限可提高到 15 万粒 / 米^3，如果没有条件充氧，孵化密度不要超过 5 万粒 / 米^3。

孵化出膜时间：水温 25℃时 60~72 小时，水温 30℃时 36~40 小时。

鱼苗出膜后 2~3 天将鱼巢移走。在池塘中挂网箱孵化的，可先将网箱上沿下压至水面下 10~20 厘米，让大部分鱼苗自行游走后，再小心地将网箱拿走。

三、鱼苗培育

（一）水花至夏花阶段

在水产养殖业中，刚出生的鱼苗称为水花，下塘一个月左右规格（全长）达到 3 厘米的鱼苗称为夏花。锦鲤养殖业原来并无这些术语，在此借用水产养殖术语，表达比较方便。

放养水花锦鲤苗的池塘面积最好是 666.7~1 333.4 米 ^{2}，不要超过 3 333.5 米 ^{2}（主要是为了挑选鱼苗时拉网方便，因为密网在大塘中很难拉动，而且起水鱼苗数量太大不能在 1 天内挑选完就会对鱼苗带来较大损害）。提前 10~15 天清塘消毒，关键是必须杀灭野杂鱼、害虫、致病菌等，最好的消毒方式是放浅水后用生石灰化水泼洒，没有条件的可用茶枯或其他药品如漂白粉等消毒。

放养前用其他小鱼试水，确信消毒药物已降解至安全范围内。同时可施肥，以便肥水开花，有利于鱼苗成长并能保证较高的成活率。

出膜后 3 天，已经起水离开鱼巢的鱼苗可放塘。鱼塘水深 50 厘米，放养密度为每 666.7 米 ^{2} 10~20 万尾。也可采用直接在鱼苗池孵化的方式，将附着鱼卵的鱼巢移到鱼苗开花池孵化。

水花鱼苗阶段的养殖管理与“四大家鱼”相同。用豆浆或浸泡好的花生麸全池泼洒，每天 3~4 次，5 天后改成鱼塘四周泼洒。每 3~5 天向鱼塘冲入少量新水，进水口要用筛网过滤，防止野杂鱼混入。鱼苗长到 1.5 厘米后，可停止投喂豆浆，用花生麸或者商品饲料“鱼花开口料”。鱼苗长到 2.5 厘米时要拉网锻炼一次，以便减少将来运输或挑选时的损耗。鱼苗长到平均 3 厘米时要进行第一次挑选，淘汰畸形、白瓜（又称白棒，指鳞片基本没有颜色，整个看上去有点白色但没有强光泽的个体）、红瓜（又称红棒，指全身红色没有花纹的鱼）、乌鼠（黑色斑点、红色和白色混乱交杂的个体）。

（二）二级鱼苗阶段

这是一个过渡阶段，一般指 3~8 厘米的幼鱼阶段，因为要多次挑选，所以不使用很大的池塘。

经过第一次挑选的幼鱼，放入 666.7~1 333.4 米^2 的鱼塘（不可超过 3 333.5 米^2）养殖，水深 1~1.5 米，每 666.7 米^2 放养 1 万 ~3 万尾（当然密度小些更好），开始时用 1#“鱼花开口料”，长到 4 厘米以上时可改用 0# 浮性饲料（粒径约 1 毫米）投喂，每天投喂 2~4 次。

幼鱼长到 4~5 厘米时可以进行第二次挑选。尽可能将池塘中的鱼全部拉起来，吊在网箱或水泥池里，要遮阴，以免对小鱼造成伤害，挑出来的合格鱼放回原来的池塘。这一次的挑选还是以淘汰不合格鱼为主，除了像第一次挑选那样淘汰畸形鱼、白瓜、红瓜、乌鼠外，还要剔除损伤严重的、颜色模样明显不合格的个体。

幼鱼长到 6~8 厘米时可以放大塘了，但在放大塘之前应该再做一次挑选，以免没有用的次品鱼浪费有限的资源，影响合格鱼的生长。

这一次的挑选更加严格，应该根据各品种的特征，选留合格的鱼，而某些品种有特别的要求。

四、特殊品系繁殖操作要点

不同品种，在鱼苗选别时的做法和要求会有所差别，单色鱼的选别主要看体形、生长速度、色泽浓淡，由于个体间的差别非常微小，难以描述，主要靠经验积累，此处主要讲“御三家”。

红白锦鲤不光要白底上有红斑，还要讲究白底非常的白，红斑与白底之间应该界线分明，红盘不能散乱，鳃盖上不应该有红色块，鳍上不可有颜色，身体侧线以下尽可能不要有红色。

大正三色锦鲤基本和红白锦鲤的要求一样，有没有墨斑倒不重要，因为墨斑可能晚一些出现。

昭和三色锦鲤的挑选有所不同，要尽早开始挑选。有足够有经验的技术工人，可以从受精卵开始挑选：留下颜色比较黑的胚胎，淘汰没有黑色素的胚胎；孵化出来之后，淘汰没有黑色素的鱼苗，再之后，稍大点的时候也是先淘汰没有黑色素的鱼。当鱼苗长大 8 厘米以上时，其他品系基本可以看出将来会是什么模样，但是昭和三色锦鲤看不出。因为昭和三色锦鲤最重要的是墨质，也就是黑色素细胞群。黑色素生长在真皮层，慢慢从真皮层生长到表皮，而且面积也逐渐扩大。所以，小时候有些墨质从表面看不到，有些墨斑开始可能只是一个小点，更多的是，从白色表皮下面透射出浓淡不定的灰色。昭和三色锦鲤墨斑的发育，常常要持续到三四岁，个别情况到七八岁墨斑还在变化，所以要挑选昭和系是很困难的。

五、种质退化与良种培育

我国的锦鲤良种根本上都是从日本引进的。从日本引进的锦鲤，在中国繁殖传代，有些鱼场，子一代就已经表现出了外表可见的退化，第二代就沦为“土炮”，而在个别的鱼场，传承三四代依然与日本原种没有明显的差别。为什么开始是同样种源、同样的血统、同样的遗传基因，经过两三代就会出现如此巨大的差异，这究竟是为什么呢？锦鲤在日本诞生以来，传承约 200 年，有些锦鲤场历经 100 年以上，锦鲤繁殖了几十代，为什么没有退化，反而质量越来越好呢？

鲤是比较低等的硬骨鱼类，是比较容易产生变异的鱼类，我国之所以有十多个鲤的地理种群、天然品种，就是因为各地不同的自然环境导致不同的自然选择，加上地理的隔离使不同地方鲤的遗传基因没有交换，使各地区的自然选择向着不同方向不断扩大和延续。所以，总体来说，锦鲤的表型（包括体形、色彩、生长速度、抗逆性、抗病力等）是由遗传和环境两方面决定的。

根据已有的研究，环境对鲤表型的影响率是 40%，而遗传对鲤表型的影响率为 60% 左右。当然，环境和遗传对表型的影响其实不是“加法”关系，不是这么简单，这个研究只是想说明，环境和遗传对鲤的表型都有影响，而遗传的影响更大一些。

锦鲤在我国品质下降，主要表现在两大方面，一是体形和生长速度，二是色泽和模样，这两方面的下降程度和原因各异。体形和生长速度方面下降的趋势明显，对中国锦鲤总体品质的影响较大，而形成的原因同样是环境和遗传两方面。

从日本引进的锦鲤苗种，在中国养殖 1~2 年以后，与同龄的一直生长在日本的锦鲤相比，形态、规格就会出现差异，这只能用环境因素解释得通，而以日本锦鲤为亲本在中国繁殖的第一代（F1）出现的差异，主要也是环境因素造成的。环境因素包括自然环境和养殖技术等，具体为水质、地理、气候、养殖密度、饲料、投喂量等。我国东部沿海从杭州至天津一线，与日本主要的锦鲤产区的纬度类似，气温、日照等因子比较接近，据日本有关人士研究认为，这一代的气候条件符合优质锦鲤生长的要求。因此，在这些地区养殖锦鲤，关键问题是养殖技术。

我国目前锦鲤主产区是珠江三角洲地区，属于热带至亚热带气候，终年温暖湿润，全年无霜。年均温 21~23℃，最冷的 1 月均温 13~15℃，广州 1 月均温为 13.3℃，低于 5℃日子只有 3 天，最热的 7 月均温 28℃以上，10℃以上有效积温达 8 000℃ / 年左右。6—10 月，常有台风影响，降雨集中，天气最热。年均降水量 1 500 毫米以上。白昼长达 14 小时（夏至），冬至仍有 11 小时，日照时数全年达 1 900~2 200 小时。而锦鲤原产地日本本州，大部分为温带海洋性季风气候，年平均气温北部的青森为 9.6℃，西南端的下关为 15.5℃，相差近 6℃；最冷月（1 月）平均气温北部为 -2℃左右，西南端为 5.5℃。两相比较，珠江三角洲地区的年平均气温比锦鲤原产地日本本州高 10℃左右，积温每年高 3 500℃左右，10℃以上有效积温每年高 3 000℃左右，有效积温相当于日本本州的 3 倍左右。

对于一般的变温动物而言，生长速度与有效积温正相关（植物也是如此），按道理说，锦鲤在珠江三角洲的生长速度（按年计）应该远远高于在日本本州，但事实并非如此。虽然在我国南方一些高档锦鲤专业鱼场，锦鲤的生长速度并不比日本本州慢，但更多的是相反的实例，这说明，生长速度慢，关键还是养殖技术问题。

通过比较日本本州、我国南方高档锦鲤专业鱼场、我国南方中低档锦鲤养殖场的锦鲤养殖和管理，我们发现，关键的差别是养殖密度、饲料质量、日粮总量、投喂餐数和水质管理，其中养殖密度是最重要的因子。气候条件并不会对我国锦鲤生长速度产生负面作用，但是对其生长潜力（即极限规格）确实有不利影响。

动物的生长速度和衰老速度、性成熟速度是不同的概念。生长速度是指个体大小（包括体长、体重等）增长的速度，衰老速度则是生理发育及衰退的速度，而性成熟速度则只是生殖系统生理发育的速度，它只包含从出生到性成熟一个时间区段。可以说，生长速度是个体大小增长的速度，而衰老速度和性成熟速度都是生理进程的速率。衰老速度和性成熟速度基本一致，但和生长速度不一定协调一致。

一般规律，同一种动物，包括鱼类，气候越炎热的地区，性成熟年龄越小，成年个体规格（包括平均及最大）越小，比如我国著名的四大家鱼，珠江流域的都比长江流域同种类性成熟更早，平均早 1 年多，性成熟时的规格及最终极限规格更小。

锦鲤在珠江三角洲地区，雌鱼 2 年全部成熟，雄鱼 1 年即可成熟，都比日本提早了一年。按照鱼类生长的一般规律，早熟和个体小型化这两种表型是相互关联的，性成熟之后生长速度明显减慢，成熟越早极限规格越小。我们现在还不能确定珠江三角洲地区锦鲤的极限规格（全长）是多少，已确知在珠江三角洲地区出生和成长的锦鲤，全长超过 80 厘米的极其罕见，比日本全长 100 厘米以上的锦鲤都少。

简单地说，气候对珠江三角洲地区锦鲤的成长规格有不利的影响，其原因是高水温对生长速度的提升不显著，但是对衰老速度的提升却很大，以至于尚未充分成长，已经开始衰退。

气候对锦鲤生长规格不但有直接的影响，还会影响该鱼的下一代，这种影响可以通过繁殖亲鱼的小型化而叠加，并形成遗传性。但是气候的影响并非完全不可抗拒的，可以通过养殖技术、选种技术及对环境的调节，减轻甚至抵消。

减轻甚至消除炎热气候所造成锦鲤小型化现象，技术手段主要有下面三点：①选用大规格并处以最佳年龄的亲鱼用于繁殖；②在性成熟前发挥鱼的生长极限，第一、二年用低养殖密度、高蛋白全价饲料、高投喂频率和日粮，使锦鲤最快速成长；③采取措施减少 25℃以上水温出现的天数，因为 25℃以上锦鲤的新陈代谢加快，成熟和衰老会加快，但生长速度并不比 25℃时快，30℃以上时甚至生长还会减慢甚至停滞。

锦鲤种质下降的遗传学原因包括两个方面：杂化和近交退化。

个体水平的杂化几乎没有，因为不论是用日本锦鲤的第几代做亲鱼，个体的种质始终是锦鲤，不是其他物种，甚至也不是同一物种的其他品种。但是，基因水平的杂化却很严重，比如说体色斑纹方面的基因，色泽是多基因控制的，而颜色出现的位置（表现为斑纹）是什么基因控制的，遗传学家也说不清。色泽斑纹总共有多少个基因谁也说不清楚，但是显然没有两条锦鲤这方面的基因是完全一样的，从这一点来说，锦鲤所有的传代都是颜色基因的杂交。不过，尽管杂交不可避免，杂的程度和范围还是可以控制的，而我国锦鲤色泽斑纹方面品质不能保持优异的主要原因是疏于在配种时的控制。

近交退化在我国锦鲤繁育中比较普遍，是锦鲤品质下降的主要遗传学原因。

近亲繁殖导致遗传基因高度纯合、遗传多样性降低，在个体和群体水平上表现为生长速度下降、抗病力抗逆性下降等。我国多数锦鲤养殖场都自己繁殖和培育锦鲤，而许多锦鲤养殖场在挑选亲鱼时，仅考虑亲鱼本身的外观品质，包括色泽、模样和体形，很少考虑雌雄亲鱼间亲缘关系，以至于全同胞、半同胞配对繁殖的情况非常普遍，造成培育出的锦鲤近亲系数越来越高，等位基因多样性越来越低，以至于种质一代不如一代。

综上所述，造成我国锦鲤种质下降，逐代杂化和退化的主要原因，一是环境（气候）条件不利，二是我们在亲鱼挑选、配对方面不科学。要遏制这种趋势，应该采取科学的养殖、保种、选种、配对措施：①建立系谱表，对后备亲鱼，必须知道并记录其父母的血统，甚至血统能追溯到上二代。②对于可能作为亲鱼的个体，要尽早采取低密度养殖方式，使其获得最快的成长速度。③配种雌雄双方必须保证非二代以内血缘。④必须用同一品系雌雄配种。⑤应确保配对的雌雄亲鱼都处于最佳繁殖年龄。

4

锦鲤的休闲型养殖

和所有的观赏鱼一样，锦鲤的消费性养殖与生产性养殖有不同的要求和技术特点。以往在水产领域，养殖技术的研究、提炼、推广基本针对生产环节，产业链的下游是冷藏、运输、加工等环节，而观赏鱼的产业链结构大致为：生产性养殖——驯化及扬色——活体运输——休闲型养殖，与水产品不同的是，养殖技术贯穿产业链的始终，但不同阶段要求不同。休闲型养殖是观赏鱼产业的终端，相关技术的研究和推广对产业发展至关重要。

锦鲤的休闲型养殖是指为观赏或装饰的需要而进行的养殖，与以利润为目的的生产性养殖是完全不同的。休闲型的养殖不追求经济回报，不追求产量，不追求生长速度，但是追求装饰和美化环境的效果，追求鱼的体形、色彩的美观，追求高成活率，因此无论是养殖设施条件还是日常管理要求，都与生产上有不同的要求。

锦鲤的休闲型养殖根据养殖场所的不同，主要分为庭院养殖、室内鱼缸养殖、公园内湖养殖等类型。

一、庭院养锦鲤

（一）鱼池设计建造

1. 鱼池选址

中国家庭有庭院的比例不多，因为中国城市居民居住的多是公寓，而农村的庭院通常有其他功能，往往不会开挖水池养鱼，特别是北方的农村，由于水资源不是很丰富，家庭庭院中挖池蓄水养鱼的非常少见。但是中国具备开挖鱼池养殖、玩赏锦鲤的条件的家庭，从绝对数量上说却并不少，仅广州市，至少有二三十万个这样的庭院，另外，还有一些公司也有适合挖池养鱼的院子，所以庭院养锦鲤在我国是有很大的发展空间的。

露天水池是养玩锦鲤的最佳场所。而对于“庭院养锦鲤”这个命题而言，所谓鱼池的选择是指鱼池选在院子中的什么位置。不管院子是大是小，总不能让鱼池把整个院子都占了，所以有选址的考虑。

传统的中国式庭院，格局有固定的套路：面南背北，前明堂后朝山，左青龙右白虎。这样的格局，院子在房屋的南面，而水池在院子的东面，对于锦鲤池来说倒是合适的，因为水池在房屋的南面，冬天有房屋挡风，而且日照时间长，夏天有房子挡住部分阳光，池子水温比整天暴晒的水池要低些，对池里的鱼更有利。至于鱼池是设在院子东面，是风水学说，所谓“左青龙”就是说院子的左面（面朝南时左即东面）属水，适合建水池或其他水属性的东西。而实际上，鱼池在院东还是院西还要看具体的场地条件和形态，西方人把喷泉水池建在广场中央、大楼正前方，也没见有什么不好，现在我国也有不少单位、公司的大院在大楼正前方建水池，家居庭院在正前方建水池养锦鲤也未尝不可。

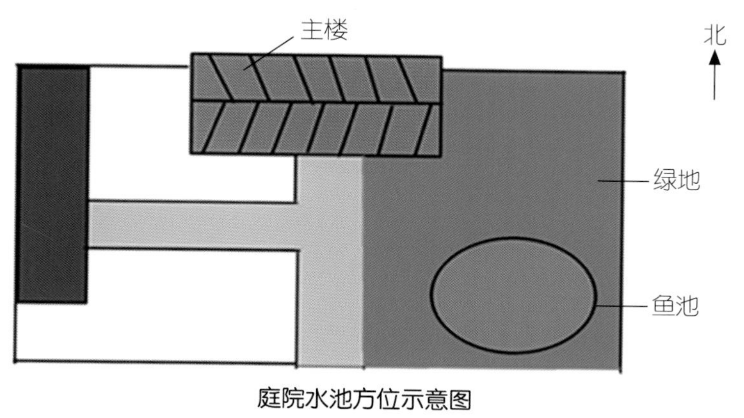

庭院水池方位示意图

锦鲤水池在庭院中的大致方位。

鱼池选址不单是东西南北方位的问题，还要考虑不影响院子的其他功能，比如车库、通道、纳凉花园等；另外，要避开地下管道、电线、电缆线等；鱼池距离房屋的远近也要考虑清楚，因为紧贴鱼池的房屋，墙壁会比较潮湿，还有万一鱼池渗水，紧靠房屋的维修可能相对困难一些，还有下雨时墙面的污水更容易影响到鱼池。鱼池紧靠外墙也不太好，因为可能受外界的惊扰。

2. 鱼池设计

庭院中以水池养殖锦鲤，最好用水位低于或平于地面的硬底硬边水池或者小塘养殖锦鲤，通俗一点说就是用水泥或石头砌的池养锦鲤。低于地面有利于保持水温稳定，因为地温相对于气温而言变化幅度更小，深入地下的池受地温的影响大，而受气温的影响小，因此水温更稳定。水位高于地面较多的水池则相反，由于受气温变化的影响较大，高位水池水温不稳定，昼夜变化大，这样的情况尽管不会让锦鲤马上生病，但长期下去对它们是一种折磨，不过水位如果仅仅高于地面 50 厘米以内其实很常见，对水温没有太大影响。

锦鲤景观池最好是面积 10~200 米^2，水深 1.5~2.5 米。池边要比水位线高 50~60 厘米，以防鱼跳出，池边也要比地面高至少十几厘米，以避免下雨后脏水流入鱼池。池的规格要求并不是绝对的，水深和面积大小也是有一定关系的。如果挖池的场地总共只有十多个平方米，建一个 10 米^2 的池就会很拥挤，这样的条件下只能把鱼池的面积压缩了。同时，面积小的池，深度也可以略微小一点，但是底线是深度不能小于 1 米，露天的水池如果深度不到 1 米，对鱼的健康有不利影响。面积超过 200 米^2 的鱼池也并非不可以养锦鲤，但是这么大的鱼池水质很难控制，主要水的循环率较低并且有很多循环不到的死角，导致藻类的繁衍难以控制，造成水体过肥、水色过浓的情况，养在里面的鱼就看不到了。因此，如果有超过 200 米^2 的地方可以用来开挖锦鲤池，笔者的观点是不如做成相互独立的两个或几个鱼池更好。

小型锦鲤池

这是一个约 12 米^2 的小型锦鲤池的水面部分，其过滤装置是旁边的一个并联的过滤间隔。

池底和池边既要硬质又不能粗糙，一般池底采用水泥砂浆浇注，表面水泥批荡，或者先用水泥砂浆铺底，上面覆盖黏结或镶嵌大块的鹅卵石。池底不要求很平坦，或者说最好不要太平坦，有深有浅比较好，但是不要有很多小坑，最好是靠近出水口的地方比较深，而相对的另一边稍微浅些。

池边及内壁用不规则形状的大石头和水泥砂浆砌成，或混凝土浇筑后用深色的瓷片贴面。池内壁和底部要避免尖锐且坚硬的突出物，以免锦鲤受到无辜的伤害。建池前应设计好进排水管道、循环净化系统以及装饰性建筑等。

锦鲤池的形状不要太工整，如果不是客观条件限制，最好不要四四方方像游泳池一样，太过死板的水池和千变万化的锦鲤很不协调。好的锦鲤池本身也是具有欣赏价值的艺术品，水池不仅仅是一个容器，它也应该是一处风景。

庭院锦鲤池与不养锦鲤的景观池要求不同，不能完全照搬庭院山水景观池的设计。庭院锦鲤池的核心是蓄水的那部分，主要的景是其中的锦鲤，池的构造既不要过于华丽繁复，喧宾夺主，又不能影响锦鲤的生存、生活和生长。

出于这样的考虑，庭院锦鲤池的建造有一些基本原则：第一，鱼池设计必须和周围的景观及建筑综合考虑；第二，池面要适度通风、透光；第三，一定要有功能足够强的净化系统；第四，一切影响观瞻的物体都尽量隐蔽。

中大型锦鲤池

这是一个约 80 米^2 的中大型锦鲤池的大部分水面，鱼池旁边有几棵大树，兼具景观和遮阳作用。这种大水池适合私人庄园、小花园等环境。

锦鲤池应光照适度，保留正常日照的 30%~50% 比较合适。因为过多的光照会使池水滋生大量藻类，影响对鱼的欣赏。夏季强烈的光照会造成水温过高，超过锦鲤适应温度的上限。而光照太少，鱼又容易生病，特别是容易滋生霉菌和寄生虫。控制光照的手段主要有：将池设置在房舍的东南方位、在岸边种树、在水中种莲、在水面建风雨亭等，但是大面积的固定建筑和挺水植物直接遮盖水面是不可取的，固定建筑直接遮盖的面积不要超过水面的 1/5，最好的减少日照的方式是

不妨碍人观察和管理鱼池。

循环过滤装置是锦鲤养殖池必备的。没有循环过滤系统的鱼池，鱼的排泄物、残饵会分解、腐败产生大量氨、亚硝酸盐等有害物质，影响锦鲤的生产，同时也会造成水体内藻类过度繁衍，导致水体透明度过低，水色过浓，无法欣赏和观察锦鲤。

锦鲤循环过滤的流程见以下模式图：

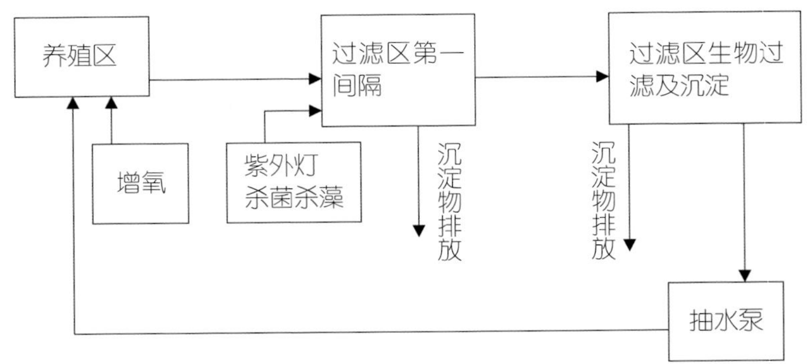

锦鲤池循环过滤模式

锦鲤景观池的过滤装置形式多样，有外置过滤桶、附属过滤池、人工湿地、池底砂层过滤等，在日本以暗藏的附属过滤池为多，结合假山瀑布，形成高山流水式的景观。这种过滤方式要求在建造锦鲤景观池之前就必须设计好，与鱼池同时建造，否则很难施工。我国目前最常采用的是附属过滤间隔的办法，这与锦鲤卖场鱼池的过滤方式几乎完全一致，其构造大体是：景观池旁砌一个间隔，与景观池处于同一水平，深度基本一致，面积约为景观池面积的 1/8~1/5，形状接近长方形，两端分别设进水口和排水口，皆与景观池相通，进水口可直接设在底部，也可经地下以 PVC 管通向景观池底部的中心，排水口设在另一端，高度与水线持平，其内连接一个无扬程水泵，过滤间隔内进水口处安装一个水下紫外线杀菌灯，间隔中心悬挂过滤用毛刷，应排列紧密，以保证水流从刷毛经过。毛刷的数量大致按每千克鱼配 5~10 米毛刷计算。水泵的功率根据鱼池的容积，按照每 2~4 小时循环一遍的要求，选择适当流量的水泵。过滤间隔的顶部一般用木条横向搭在两壁，依次排列，形成一条木道走廊。

过滤间隔一般采用如图模式：

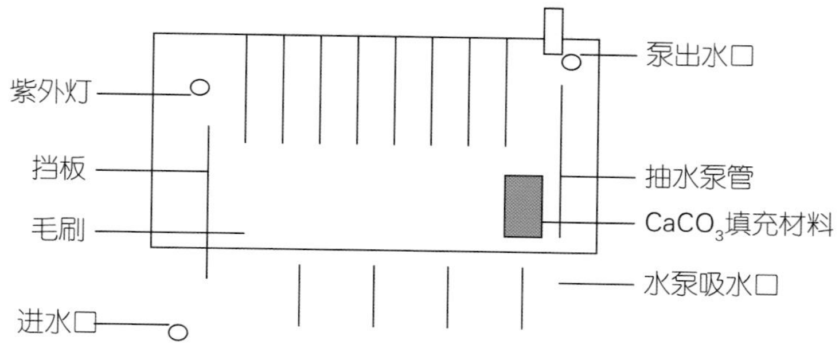

锦鲤池过滤间隔

不同的过滤方式，采用不同类型的水泵。比如采用附属过滤间隔的办法时，鱼池的水位和过滤池持平，几乎没有落差，因此采用无扬程水泵，可以获得同样功率下的最大流量，或者同样流量下最省电的效果。而连接瀑布、高位出水的过滤方式，需要出水水位明显高于鱼池，无扬程水泵无法完成这样的工作，因此水泵需要有一定的扬程，这时可采用扬程适当、流量符合要求的潜水泵，或者安装在水体之外的离心泵。

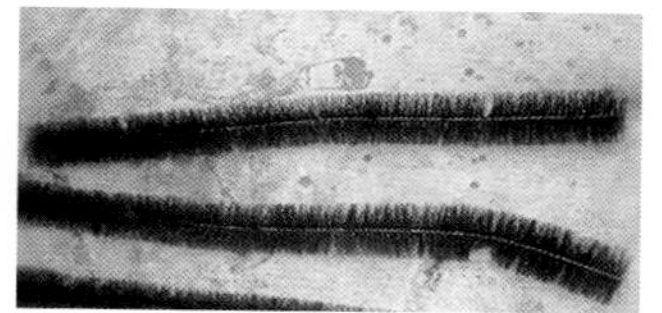

净化系统主要器材

间隔过滤常用的主要器材是制造水流用的无扬程水泵（上方为 50 瓦，中间是 100 瓦）和作为硝化菌载体的毛刷。

如果鱼池建设时没有建过滤间隔，可考虑采用池底砂层过滤装置，其结构是先铺设塑料管网，上覆粗河沙（不规则形状，粒径 5~8 毫米），再上面覆盖鹅卵石。管网连接潜水泵的进水口，通过潜水泵的抽吸作用，使水经过沙层、管网（开有很多小孔或裂隙），回到上层水体。这种过滤装置施工比较容易，是对于没有预建过滤间隔的鱼池采用的一种补救办法，在我国锦鲤新玩家群中也常被采用。

不论过滤装置是何种形式，原理都是一样的，即利用硝化菌对水体中的含氮物质进行处理，亦即粪便和残饵中的蛋白质、尿素等有机氮物质被细菌分解成无机氮，即氨和铵后，硝化菌将其不完全氧化成为亚硝酸盐，再进一步氧化成硝酸盐，即通过硝化反应使毒性比较强的氨和亚硝酸盐最终转化为基本无毒的硝酸盐。

这个反应的能力，主要取决于为硝化菌提供落脚点的过滤材料的表面积以及水的流量。

3. 管道布置

管道布置对于鱼池建设是非常重要的，好的管道设计可以避免管理当中的很多麻烦。由于有些管道是埋在池底下的，因此管道如何布置是必须在设计时确定的，不能一边做一边考虑。

排污管是首先要考虑的。排污管用于排除池底的污物。这些污物主要是锦鲤的粪便，开始时被排泄于水池内的任何位置，沉于水底后逐渐会淤积于池底最深的地方。排污的策略有两种：一是直接在池底最深处开口，排污管直接通到池外，在池外用管道阀门控制排污；二是在池底最深处开口，排污管连接到过滤间隔内第一隔，以这一隔作为沉淀池（沉淀池的底要比锦鲤池中最低的位置还要低），再从这里设一条排污管到池外，完成最后的排污。这种方法还有一项辅助的设计，就是过滤间隔每一隔的底部都用管道连接到沉淀池。排污管通到池外后，如果出水口的高程不是明显低于鱼池水面，污水无法靠虹吸作用被排出，那就需要加设管道泵。

进水管一般不需要埋置于池下，通常进水口都是设在养殖池边或过滤池，要高于水面，所以进水管的布置主要是考虑从水源到鱼池的路径，然后就是从何处进入鱼池，是否需要穿透池壁。

管道设计还包括管道内径的选择。一般各种水池都是排水管比进水管粗，因为进水流速比较大，而排水——特别是无动力的排水，都是落差决定流速，而水池和排水口的落差一般都不是很大。排水管口径选择的原则是 3~6 小时把水排干，一般家庭庭院水池容量以数十立方米的居多，总排水管的选择内径 60~75 毫米的居多，而过滤池每个间隔通往沉淀池的水管则以 50 毫米内径较常见，池中通往沉淀池的水管多选择 60 毫米内径，或者介于上述两种水管之间。进水管的口径如果有选择权的话，可以选择内径 25~40 毫米的，如果家庭总进水管都达不到这个口径，那也就无所谓选择了。

（二）放养密度和花色搭配

锦鲤的放养密度没有统一的标准，主要是看循环系统的净化能力以及群体观赏的效果。循环系统的净化能力决定放养总量的上限，实际放养密度如果超过上限，水质有恶化的倾向，或需要频繁换水才能保持不因水质太差或太肥而影响鱼的健康或影响观赏。目前国内一般带有净化池的锦鲤池的密度上限为 12 千克 / 米^3，锦鲤卖场的鱼池放养密度可能会达到上限。

观赏锦鲤池放养密度主要取决于美学效果，实际密度通常为 1~2 千克 / 米^3。这主要是因为放养密度过高时，整个鱼池都是鱼，画面拥挤，而且锦鲤的行为也不正常。另外，锦鲤不能集群，鱼在整个鱼池几乎均匀分布，没有虚实相映的美感，而且无法欣赏到锦鲤群游的行为美学。由于视觉效果与鱼的重量没有直接关系，通常结合规格和数量考虑，放养规格与鱼池规格正相关，放养数量也与鱼池规格正相关，而且一个鱼池里的锦鲤最好规格基本相同（表 1）。

表 1　锦鲤池放养参考

鱼池规格（米^2）	放养规格（厘米）	放养数量（尾）	说明
10~20	30~40	10~30	鱼池规格一定，放养规格与放养数量的乘积接近一个固定值。
20~40	30~55	20~50	
40~100	50~70	30~60	
100~200	≥ 60	40~100	

表 1 所表达的鱼池规格和养鱼规格及数量的关系，并不是绝对的，也不是规定的，而且鱼池里的鱼也不可能总是保持放养时的规格。但是总的规律是没错的，鱼池的规格和里面养的鱼的规格要协调，在客观条件下尽量协调，还要考虑鱼的成长等因素，比如说，100 米^2 以上的大池，从美学上来说，最好放 10 多条 1 米以上的大鱼，但是这不太现实，1 米以上的锦鲤全国都找不到几条。再有，10 米^2 的鱼池，放 10 条 50 厘米规格的锦鲤，也很好看，为什么不这样放养？因为 10 条这种规格的锦鲤，在这样的小池中基本就不会再成长——指它的长度基本不会再长，长胖倒有可能——锦鲤以丰满为美，但是这样因空间压迫而生长停滞的肥胖，绝对不是锦鲤审美所追求的匀称的丰满，而是“老年形态”的脂肪堆积，是大肚腩。那么养少几条不行吗？我认为也不好，因为鱼到了某个规格，就会对空间的大小产生潜意识的要求，小的空间就会对它的生长产生潜意识的抑制，即使水质和营养都没问题，鱼的成长也会停滞。另外，养的数量太少，与我们中国人的审美习惯不符，我们喜欢热闹一点，而且要整个鱼池好看，有整体美。日本人的审

美习惯和我们有些不同，总的来说他们放养锦鲤的密度要低，有些日本人用一个大鱼池就养 2~3 条鱼，他们觉得很好，但是我们没有必要强行扭转自己的审美观。

关于放养的花色搭配，养过锦鲤的人都知道“始于红白终于红白”这句行话。红白品系是锦鲤的典型代表，通常，鱼池中红白锦鲤的数量占到 50%~60%，而大正三色锦鲤和昭和三色锦鲤，总共占池鱼数的 20%~30% 比较常见，其他的品系，不一定要齐全，有那么两三种就可以了。由于锦鲤池中的主要颜色是红色和白色，搭配一二条黄金、茶鲤、乌鲤会有不错的整体效果。

关于搭配还有一点不得不提，有人喜欢在一个池中搭配不同规格的锦鲤，认为这样才不会单调，这其实是不科学的，也是不符合视觉艺术规律。一是因为这样会显得比较混乱；另外，在群体中小的鱼会长不好，因为经常被欺负，经常吃不饱，即使能勉强活下去，也往往日渐消瘦，失去欣赏价值。

（三）锦鲤的选购和放养

1. 选购

选购对于锦鲤爱好者是否能顺利地养殖玩赏锦鲤是非常重要的一步。消费者选购锦鲤应该先做好计划和放养准备，然后再具体实施。

新鱼池选购、放养锦鲤之前，应该根据鱼池条件，按照前面“放养密度和花色搭配”介绍的经验，根据自己的喜欢，决定计划放养的规格、档次、各花色品种搭配。

新鱼池放养的鱼最好一次性放足，不要零零星星左一条右一条，半个月还没买齐。另外，最好整批的鱼都从同一个鱼场购买，实在不行就从两个鱼场凑够，不要东一条西一条地买。鱼池中的锦鲤来源越多，交叉感染疾病的机会就越大，消费者需谨记。

养鱼池补充性的购买相对简单，基本是按照鱼池花色数量的总要求，缺什么补什么，规格与鱼池中现有的鱼基本一致。

做好准备工作之后就是挑选鱼。

锦鲤的售卖场所主要有锦鲤卖场、水族店、活动鱼盆（地摊）几种形式，最近几年也开始有网上销售。去什么样的售卖场所采购，主要取决于你所需要的锦鲤的档次。购买高档锦鲤一般上锦鲤卖场、专营锦鲤的商店，或者参加锦鲤拍卖会（通常在锦鲤比赛的赛场或高端的锦鲤养殖场举行，不是每星期都有的，品种也不齐全）；购买低档锦鲤应该去锦鲤一条街的地摊；而中档锦鲤，似乎各种售卖形式都可能有卖，除了那些号称“专售高档日本锦鲤”的鱼场。

某锦鲤拍卖会现场

某拍卖会拍卖的锦鲤

某拍卖会拍卖的锦鲤。

某地摊售卖的锦鲤

某地摊售卖的便宜货。

凡购买观赏鱼，不论什么种类，基本的要求是健康，其次是形态正常，无明显缺陷，然后才是色彩花纹。

就锦鲤而言，挑选过程基本上是这样的。

（1）首先是看鱼是否健康，看鱼是不是正常地顶水，是不是合群，有病的锦鲤是不合群的。其次，看鱼池或鱼盆的水是否清澈，因为有病的鱼更容易把水搞坏，使水变得浑浊。再然后，就看鱼身体表面可有看到的状况，包括看眼神是否明亮、体表是否干净、体色是否鲜艳有光泽、呼吸是否平缓、身体表面有没有发炎充血的情况。这一条是不论购买什么档次的锦鲤都必须看的，是起码要求，不管多便宜，有病的鱼都不能买。

（2）其次是看鱼的体形是否正常，这包括动态地看，就是游泳是否平稳，能不能走直线，然后看静态的，就是体轴是否正，鱼体是否左右对称，纵轴前后是否在同一水平，身体有没有倒向一侧，再然后，看各鳍形态是否正常、偶鳍是否对称、鳞片是否整齐（有没有掉鳞或再生鳞）。这些也是不论什么档次锦鲤的基本要求，因为这些方面有缺陷的鱼属于次品，不应该成为商品。

在体形方面，高档锦鲤除了要符合上述基本要求外，还有更高的要求：

好的体形，总体感觉是健壮而非肥胖，看上去充满肌肉而非脂肪，俯瞰整个鱼体类似被拉长的水滴，头部圆润宽广，从头部往后以柔和的弧形向左右加宽，到背鳍起点位置达到最宽，然后以更小的幅度向内收，逐渐收窄，直到尾柄末端、尾鳍基部才猛然内收，从躯干到尾柄后段，内收的幅度几乎没有变化，背鳍后部相对的躯干到尾柄起点之间没有加大内收幅度的情况。尾柄起点位置俯瞰的宽度大约相当于身体最大宽度（在背鳍前缘）的 1/2。另外，眼间距要大，面颊要饱满。另外，侧面看，从吻部到尾鳍基部，整个背部呈弧形，以背鳍起点为界，前部弧度较大，后部弧度较小，腹部弧度更平，腹鳍和臀鳍之间的后腹部不能有明显的膨胀和下坠，躯干和尾柄之间不能突然收窄，尾柄高至少达到体高（身体最大高度）的 1/2。在判断体形好坏的时候要考虑鱼的年龄和规格，正常的鱼，小的时候不如成年时那么健壮，体宽 / 体长的值要比成鱼小一些，但是尾柄宽 / 体宽的比值只能比成鱼更大，不能更小。

（3）挑鱼第三条才是看颜色斑纹。这方面包含两个内容，即颜色的色质、光泽，还有斑块的形态、切边和分布位置，前一方面简称色泽，后一方面简称模样。大多数中国的锦鲤爱好者在挑鱼时比较注重颜色方面，而对体形关注比较少，而专业培育高档锦鲤的人士或者锦鲤鉴赏大师们却相反，他们更重视体形。

挑鱼时判断颜色斑纹优劣的标准和鉴赏标准是一样的，这里不再重复。这里要说的是，如果你不能接受高档锦鲤的价格，那就不要试图挑选颜色斑纹都完美的锦鲤，在挑选中档锦鲤时，你需要在体形、色泽、模样这三者之间做一个取舍。同一鱼场的同一批鱼，体形方面差别极其微弱，但是不同鱼场的鱼，由于锦鲤血统及选种标准的不同，体形方面会有差异，如果你最重视的是体形，建议先选一个对的鱼场。

色泽和模样两方面都好的鱼，在我国的中档锦鲤中几乎找不到，所以挑选中档锦鲤必须在色泽和模样两方面做一个取舍。专业人士认为，未成年的锦鲤色泽不够浓厚这不是问题，特别是年龄很小的鱼，很可能是快速生长把颜色拉薄了，所以我们挑选 45 厘米以下的锦鲤时，最重要的是看模样和底色。

至于低档锦鲤，单色鱼就不说了，大三家（又称“御三家”，指红白、大正三色、昭和三色这三个品种）鱼我建议挑红色色斑大的，不要挑红色太少的鱼。

（四）日常管理

1. 喂食

家池养锦鲤，饲料投喂的总原则是采用浮性颗粒饲料，蛋白质含量要求

35%~38%，每天喂 2~3 次，每次投喂量视当时的水温、气压（天气）而定，原则是 10 分钟左右吃完。

投喂是养殖锦鲤每天都要做的事，也是很多鱼主最喜欢做的事情，但是不一定每个鱼主都能做好。按照锦鲤的本性，首先锦鲤本身并不要求浮性饲料，鲤本来是底层鱼，主要摄食底栖动物，辅助食品是浮游动物、附生性藻类、植物块茎、枝叶和有机碎屑，总体上属于杂食偏动物性食性。鲤有咽齿，无胃，肠道长度为体长的 2~2.5 倍，这样的消化系统是与它的摄食习惯相协调的。锦鲤的消化系统与野鲤基本一样，有在水底活动觅食的习性，大约 20 年前，养殖锦鲤所投喂的饲料也主要是沉水性的颗粒饲料。沉性饲料有容易加工、成本较低、维生素较齐全的优点，本来是很适合锦鲤的，那为什么现在大家都用浮性饲料喂锦鲤呢？主要原因有两个：一是沉性饲料较难消化。沉性饲料又称硬颗粒饲料，锦鲤摄食时需要充分咀嚼后吞咽，摄食速度慢，而且即便经过充分咀嚼，由于没有胃，消化吸收完全在肠道中进行，直到排出体外，仍然有很多营养物质来不及消化吸收，这些排泄物中营养物质比较高，对水体的污染比较大。浮性饲料是经过熟化、膨化的，其营养物质很容易消化吸收，因此排泄物中残留的营养物质要少得多，对水体的污染较小。二是用浮性饲料喂食时，不但可以欣赏锦鲤，人鱼互动，而且便于观察锦鲤的摄食情况和健康状况。鉴于上述原因，家庭喂养锦鲤一般都是用浮性饲料（膨化饲料），而且市场上出售的锦鲤专用饲料基本都是膨化饲料。好的锦鲤专用饲料，配方科学、营养平衡，而且在膨化工序完成后，还会有一道喷油工序，特别添加容易被高温膨化破坏的维生素和不饱和脂肪酸，降低锦鲤罹患维生素缺乏症的风险。

目前市场上的锦鲤专用饲料有很多，如何选择合适的饲料也是经常让锦鲤养殖者头痛的问题。选择哪个品牌还是要鱼主们自己摸索，笔者不便帮哪个品牌做广告。这里要说的是技术上的问题，有下面几点：一是没有最好只有更好，不要哪个贵就买哪个；二是不要哪个标称的蛋白质含量高就买哪个，因为对鱼来说饲料蛋白质含量不是越高越好，何况蛋白质含量也是可以造假的；三是选择的饲料鱼要喜欢吃，但是不等于鱼越抢食积极这个饲料就越好，因为饲料中是可以添加诱食剂的；四是挑选饲料除了看品牌，还要看对应的饲料“适用阶段”，如果你的锦鲤主要是 50 厘米以下的，建议以“成长料”为主，每隔一段时间投喂一些“扬色料”，如果是 60 厘米以上的为主，建议以“成鱼料”为主。

鲤无胃，自然界的鲤鱼往往整天大部分时间都在觅食，它们吃到大块食物的机会很少，消化系统储存食物的能力小。锦鲤的消化系统和野鲤差别不大，如果将它们养在池塘或湖泊中不投喂人工饲料，也会这样日夜不停地觅食，但是它们的天然饵料都是细小的、四处散布的，因此不会出现摄食过饱的情况。养殖在鱼池中的锦鲤，没有机会吃到天然饲料，它们的摄食规律是由人来掌控的，但是它们的消化系统我们却无法掌控，只能尽可能适应，所以最好能采用少食多餐的办法，使它们不会因为储存食物的能力小而挨饿，也不会因为短时间过量摄食而将尚未消化的食物提前排出去（如果肠道已经充满食物，后面吃的食物会将肠道后段的食物挤出去），加重排泄物对水体的污染。最好是白天每 1 小时喂 1 次，每天喂 10 次，每次投喂日粮的 1/10，这样做最科学，但是不现实。现实的做法是每天喂 2~3 次，每次喂食的时间要固定，定了几点喂就几点喂，每次的投喂量也要固定，一段时间内确定了一天喂 2 餐就 2 餐，确定了喂 3 餐就 3 餐，不能今天 2 餐明天 3 餐这样随意改变，而且每次也不能喂得太饱，原则上每餐以 10 分钟吃完为适量。

水产养殖中有喂鱼“四定”的规则，即“定质、定量、定时、定点”，在锦鲤养殖中也基本遵循这一规则，但是不能太机械死板，要在不违背原则的情况下灵活运用。

定质，是指饲料的质量要稳定，但不是永远不变。比如，刚开始不知道哪个品牌哪种型号的饲料更合适，就应该用几个牌子的饲料轮流试一下。还有，20 多厘米的锦鲤喂 2 号饲料（粒径 3 毫米左右）；3 个月之后，鱼长大了，要求饲料的粒径更大，而蛋白质含量可以降低一些，所以饲料也相应调整，这和定质是不矛盾的。所谓定质，不是一成不变，而是一段时间内相对稳定。

定量，是指每天投喂饲料的量相对稳定。这个量在短时间内是饲料的绝对数量（重量），长时间内是指饱食度的相对稳定。一般而言，我们建议如果一天喂 2 餐，每餐喂七八分饱；如果一天喂 3 餐，每餐喂六分饱，这是比较合适的投喂量。经常吃得太饱对于锦鲤身体健康是不利的。另外，投喂量还应因天气、水温、季节不同而调整。比如，晴朗的天气喂七八分饱，天气阴雨时投喂量要减半。再比如，春季要少喂点，即使天晴也只喂六分饱，而秋季，同样的水温下可以喂八九分饱。因为春季锦鲤吃得越饱越容易发生肠炎等疾病，而秋季是锦鲤积累脂肪的季节，多喂一些符合锦鲤的自然要求。所以，一言以蔽之，定量也是相对的。

定点，是指固定投饵的位置。这样做是为了培养锦鲤在喂食时间自动来到固定位置等候投喂。这样，饲料一投入水中就会被发现，可以避免因没有被锦鲤及时发现而浪费。对于面积在 20 米^{2}以上的鱼池，最好定点投喂；面积 200 米^{2}以上的鱼池，必须定点投喂；而面积在 20 米^{2}以下的鱼池，定不定点无所谓。

2. 锦鲤池的水质监测和调控

水质是决定家庭养殖锦鲤成败最重要的因素，它关系到锦鲤能不能很好地生存、生长，甚至能不能活下来，还关系到锦鲤能不能有长期稳定的良好状态。

锦鲤对水质的最基本要求：水的透明度≥ 0.25 米，溶解氧≥ 5 毫克 / 升，pH 7~8.5，非离子氨≤ 0.02 毫克 / 升，亚硝酸盐≤ 0.02 毫克 / 升。另外，一些外观上的要求也与水质有关：水体中的悬浮污物、水面漂浮物（树叶等）、浮沫、水底污物、池壁及水底附生藻类及青苔等。

要保证水质符合锦鲤生存、生长的要求，首先要做的事情就是对水质进行监测，也就是定期检验测定。与锦鲤生存关系最密切的几个水质指标，就是上述水质要求中提到的透明度、溶解氧（Do）、硬度（GH）、pH、总氨、非离子氨、亚硝酸根离子（NO_2^-），或许还有硝酸根离子（NO_3^-）。

常用的检测水体透明度的设备是黑白盘。这是一块直径约 30 厘米的圆铁板，由经过圆心的两条相互垂直的直线划分为均等的 4 块，对角的两块刷成白色，另两块刷成黑色，在圆心位置开一个小孔，穿一条细绳。将黑白盘放入水中，一直到肉眼隐约不可见时，黑白盘到达的深度即为水体的透明度。标准的测量时间是 9：00—10：00。虽然锦鲤生存要求的透明度可以低至 0.25 米，但是观赏性养殖锦鲤的水体透明度越高越好，一般要求水体清澈见底，不需要用黑白盘检测，甚至黑白盘也检测不到，因为透明度大于水深。

溶解氧（Do）可用溶解氧测定仪测定，也可以用滴定法。庭院锦鲤池一般如果养殖密度在合理范围内，并且有气泵增氧，溶解氧都不会低于锦鲤耐低氧临界点，不需要定期检测。

硬度（GH），是指水消耗肥皂的能力，其实质是钙离子（Ca^{2+}）和镁离子（Mg^{2+}）的总浓度。水的硬度可分为暂时硬度和永久硬度。暂时硬度是指碳酸钙和碳酸镁的总浓度，是可以通过加热从水中脱除的，除此之外的其他钙盐和镁盐的浓度之和为永久硬度。按折算成碳酸钙含量水分为几个硬度等级：0~75 毫克 / 升为极软水，75~150 毫克 / 升为软水，150~300 毫克 / 升为中硬水，300~450 毫克 / 升为硬水，450~700 毫克 / 升为高硬水，700~1 000 毫克 / 升为超高硬水，大于 1 000 毫克 / 升为特硬水。硬度的测定一般用滴定法，市场上有商品化的滴定剂出售，使用很方便。我国的自来水不同地区的硬度会有些差别，但与锦鲤要求的中硬水都相差不远，而且锦鲤对硬度的要求也不是很严格，中硬水左右就好，所以硬度不需要经常测定。硬度检测的合理做法是：每 3 个月左右在换水前测定水源的硬度，每 3 个月在两次换水中间时间检测 1 次。

pH 代表水的酸碱度，其范围是 0~14（没有单位），7 为中间点，小于 7 为酸性，大于 7 为碱性，0 为极酸，14 为极碱，但是 0 和 14 都是理论值，实际上不存在。pH 的检测方法有电子仪器（pH 计）测量法、试纸测定法、比色法。pH 计测量法成本比较高，购买一个 pH 计要数百元甚至上千元，而且用了一段时间（即使使用的次数很少）以后就不太准确。试纸测定法比较粗，精度较差，受潮以后会失效。比色法比较适合锦鲤水质检测，市场上有商品化的测试盒出售，使用很方便，精确度也比较高，价格也不高，是比较理想的测定方法。

总氨和非离子氨。总氨是铵离子（NH_4^+）和非离子氨（NH_3 氨分子）的总和，离子铵和非离子氨可以互相转化，在不同的 pH 和温度下有不同的构成比例（表 2），pH 越高非离子氨的比例就越高，温度越高非离子氨的比例也越高。离子氨对于鱼类没有毒性，而非离子氨却有很高的毒性，所以总氨浓度不能代表危险程度，鱼的耐受能力也没有总氨浓度的指标。现在常见的检测手段不能直接检测出非离子氨的含量，一般都是检测出总氨浓度，然后乘以相应 pH 下非离子氨的比例，得出非离子氨的浓度，以此来判断鱼类受氨毒性威胁的程度。总氨的浓度不仅是作为计算非离子氨的基数，也反映水体净化系统的工作能力。

检测总氨较常用的方法是分光光度计比色法，家庭养鱼对检测精确度要求不高，用商品化的测试盒，肉眼比色完全能够达到要求。

亚硝酸根离子（NO_2^-），由亚硝酸根和金属元素组成的盐，叫亚硝酸盐。亚硝酸盐是硝化反应的中间产物，亚硝酸盐含量高代表硝化系统不完善。亚硝酸盐通过破坏呼吸系统而对鱼产生毒害，一般鱼类的警戒浓度是 0.01 毫克 / 升，而锦鲤的警戒浓度比一般观赏鱼要高一些，达到 0.02 毫克 / 升。市场上也有商品化的测试盒出售，使用方法与总氨检测盒类似，家庭养鱼可以采用这种测试盒进行检测。

如果水池中的鱼没有异常，水色也没有肉眼可见的异常，仍然清澈见底，水质检测每 2~3 个月测一次就可以了。当鱼池内鱼的状态不好，或者有疾病发生时，应该及时检测水质，为查找病因以及确定下药之后是否需要大量换水提供依据。

表 2　分子态的氨在各种不同 pH 及水温所占之比率（%）

pH	水温（℃）								
	16	18	20	22	24	26	28	30	32
7.0	0.29	0.34	0.39	0.46	0.52	0.60	0.69	0.80	0.91
7.2	0.46	0.54	0.63	0.72	0.83	0.96	1.10	1.26	1.44
7.4	0.73	0.85	0.98	1.14	1.31	1.50	1.73	1.98	2.26
7.6	1.16	1.34	1.56	1.79	2.06	2.36	2.71	3.10	3.53
7.8	1.82	2.11	2.44	2.81	3.22	3.70	4.23	4.82	5.48
8.0	2.86	3.30	3.81	4.38	5.02	5.74	6.54	7.43	8.42
8.2	4.45	5.14	5.90	6.76	7.72	8.80	9.98	11.29	12.72
8.4	6.88	7.90	9.04	10.31	11.71	13.26	14.95	16.78	18.77
8.6	10.48	11.97	13.61	15.41	17.37	19.50	21.78	24.22	26.80
8.8	15.66	17.73	19.98	22.41	25.00	27.74	30.62	33.62	36.72
9.0	22.73	25.46	28.36	31.40	34.56	37.83	41.16	44.53	47.91
9.2	31.80	35.12	38.55	42.04	45.57	48.09	52.58	55.99	59.31
9.4	42.49	46.18	49.85	53.48	57.02	60.45	63.73	66.85	69.79
9.6	53.94	57.62	61.17	64.56	67.77	70.78	73.58	76.17	78.55
9.8	64.99	68.31	71.40	74.28	76.92	79.33	81.53	83.51	85.30
10.0	74.63	77.36	79.83	82.07	84.08	85.88	87.49	88.92	90.19
10.2	82.34	84.41	86.25	87.88	89.33	90.60	91.73	92.71	73.38

养鱼行业内有一句行话："养鱼先养水"，说明水质调控对于养鱼的成败非常重要。水质调控的内容包括合格水源的保证、污染物的处理（硝化系统的维护）、稳定并安全的水质的保持。

养殖用的水一般采用曝气的自来水，以后少量换水或补充水时可以直接加入自来水。如果水池很大，用自来水可能太过浪费，可以用河水、井水等天然水，但是这类水应该首先确定无污染，还要杀菌才能使用。

其实，只要使用功能足够强的过滤系统，注意适当的养殖密度、投喂适量避免残存饲料、适时换水，就可以长期保持水质良好。

平时要注意观察水面是否有浮沫、水是否清澈见底、是否有腥臭味等，并且及时清除水面的浮沫、树叶及水底的粪便残饵等，每半个月排一次污物。

如果发现水不很干净，或者水质监测时发现非离子氨或亚硝酸根离子临近或超过警戒指标，应该考虑对过滤系统进行清理或者换一部分新水。如果 pH 低于 7，即水质偏酸，必须尽快提高碱度。一般提高碱度的办法是在硝化系统中加入珊瑚砂或蚬壳，这样能使酸性慢慢被中和，并且水质缓慢地上升到弱碱性，正符合锦鲤的要求。如果水体酸得比较厉害，要先换一部分水，然后再采用上述措施。

（五）病害防治

锦鲤养殖者要树立“以防为主、准确诊断、及时治疗”的病害防治观念。主要的预防措施是：不买病鱼；尽量避免零星地买鱼（尽量减少买鱼的批次，一池的鱼最好来自同一鱼场、同一天入池）；新买来的鱼一定要做鱼体消毒；喂食忌过量，剩饵及时清除，不喂变质饲料；不让外来人接触池水，避免不干净的水进入鱼池；接触鱼饲料或鱼池水体之前要洗手消毒、适时投放防病药物。

病害的治疗对于一般的玩鱼者来说是比较困难的事情，因此作为玩鱼者必须学会的是及早发现鱼的异常，有条件的应及时对病鱼进行隔离、停食处理。通常有病的鱼体色会变暗、失去光泽，食欲下降或者完全不吃食，不合群，有些病会明显看到身上起红斑、溃疡、白膜、拖粪或者长了奇怪的东西。凡是有这些异常情况，都要密切观察，及时诊断和治疗。

二、鱼缸养锦鲤

玻璃鱼缸不是养殖锦鲤的最佳场地（容器），锦鲤行家都不提倡用玻璃缸养锦鲤，因为狭小的空间使锦鲤感到压抑，同时锦鲤也不是最适合从侧面欣赏的观赏鱼。锦鲤是适合从上方俯视来欣赏的，不论是欣赏它们的色彩、模样、体态、泳姿哪一方面，都是以俯视的角度来观察比较的，而玻璃鱼缸很少有摆在地下的，它适合用来养那些侧面欣赏的鱼——大部分热带鱼。更重要的是，锦鲤本来是一种大型鱼，它们有长到 80~110 厘米的生长潜力，长期在狭小的空间生活，会使它们感到压抑，生长受到抑制，体形也因为生长抑制而变得消瘦或畸胖，鱼的颜色也因为长期缺少光照而消退或减淡，欣赏价值大打折扣。另外，由于锦鲤有水底挖掘泥沙觅食的习性，使水族缸内几乎无法进行任何装饰，对整体装饰效果有不利影响。

但是，在中国有数万甚至数十万的消费者在用玻璃鱼缸养着锦鲤，从消费者的人数看，甚至用鱼缸养锦鲤的人可能比用水池养锦鲤的更多。所以，无论从技术角度还是商业角度，玻璃缸养殖锦鲤，都是不容忽视的一个领域。

玻璃缸养殖锦鲤，主要流行于华人世界。我国多数人用玻璃鱼缸养殖锦鲤，从20世纪80年代末到20世纪90年代初就有了，而且圈子越来越大，主要原因是以下几点：①居住条件限制。我国城市居民90%以上住公寓，有庭院的极少，农村居民有条件并有意愿开挖水池养鱼的也极少。没有条件建水池，又想养锦鲤，只好用玻璃鱼缸。②有些爱好者先买了鱼缸，然后试养各种观赏鱼，最后选择了锦鲤。

鉴于中国人民居住方式在可预见的未来不会发生太大的改变，而人们用于休闲活动的闲钱越来越多的状况下，我们有理由相信，未来一段时间玻璃鱼缸养殖锦鲤在中国仍将大行其道。

目前有关锦鲤休闲性养殖的技术，基本都是基于地面水池养殖这个出发点，缺乏对鱼缸养殖锦鲤的针对性研究和技术。另外，由于锦鲤的生物学特点与热带鱼也有较大的差别，如何利用玻璃鱼缸这个条件养好锦鲤，值得做个专门的探讨。

（一）设施和器材

通常用长方形玻璃鱼缸，越大越好，至少长度不小于1米，容量不小于200升，小于这个规格的鱼缸建议不要养锦鲤。鱼缸盖可有可无。

必须配备过滤系统。宜采用以潜水泵带动水流的循环净化过滤方式，最好有底柜过滤槽，海水观赏鱼鱼缸一般都采用这种过滤方式，有时养殖一些名贵的或者娇气的淡水观赏鱼也采用这样的过滤方式。由于设置在鱼缸下面的底柜中的过滤槽容量大，可以安放很多的过滤材料，形成足够多的硝化菌群落，所以这种过滤方式有比较强大的过滤效果。另外，潜水泵安装在底柜中过滤水槽的第一格，和鱼不在一起，不用担心鱼碰撞水泵，对鱼和水泵都比较安全。与此相对的是顶部过滤槽，标准配置的有盖鱼缸，其顶部过滤槽容量小，净化能力远远不及底柜过滤槽，而锦鲤摄食量比较大，每天排出的粪便很多，需要强有力的过滤系统才能解决水质净化问题。其实上部过滤槽也并非完全不可以，关键是要特制，要保证过滤槽足够大，能容纳足够多的过滤器材。现在较受推崇的过滤方式是滴流式，这其实也是一种上部过滤槽。

锦鲤鱼缸过滤材料主要有三类：一是物理过滤类：过滤棉、活性炭。二是生物净化类：生化棉、陶瓷环、玻璃环、细菌屋、塑料生化球、珊瑚砂、火山岩等。

三是吸附兼离子交换类：沸石、麦饭石。这些过滤材料有各自的特点和不同功能。

（1）过滤棉。又称白棉，白色最常见，也有绿色或蓝色的，其材质是一种化纤，与服装中用的人造棉一样，它的功能是物理过滤，将水流中的悬浮固形物拦截下来。通常每隔数日甚至每日，当积累的污物积累到一定程度时，需要及时清洗。

用网袋装好的活性炭

（2）活性炭。成分是碳，和木炭一样，有用竹子、椰壳、木材等不同烧制的，常常是先烧制成碳粉，再用成型机制成小圆条状。活性炭的功能是吸附，它能吸附悬浮固形物、微粒。一段时间后吸附饱和，需要清洗、复性，才能再用。

生化棉

（3）生化棉。较硬质的塑料丝构成的板状材料，比过滤棉孔隙更大、质地更硬，不便于清洗，虽然也能滤除悬浮固形物，但不宜用作过滤材料的第一层，其主要功能是作为硝化菌载体，因此而得名。由于它是由很多细小的纤维构成的，比表面积（单位体积的物体内外表面的总表面积）较大，重量轻，方便切割、拼接和铺垫，因此很常用。

陶瓷环

（4）陶瓷环。布满肉眼可见的小孔的陶质环状材料，比普通陶器孔径大很多，比较疏松易碎，比表面积大于生化棉，是比生化棉更高效的硝化菌载体，分为大环和小环，要根据不同的容器选择大小。

（5）玻璃环。据说是由滑石粉烧制而成的，形态与陶瓷环类似，色泽洁白，其孔隙比陶瓷环更细小，比表面积大，是常见的生物净化滤材。

（6）细菌屋。管状多孔隙材料，内径小而壁厚，多数为圆管，也有方管，规格较大，通常长度 10 厘米左右，外径 3~5 厘米。比表面积与陶瓷环相当，功能也与陶瓷环类似，使用时需考虑与滤槽形态的贴合。

（7）珊瑚砂。天然材料，珊瑚虫的骨骼，主要成分为碳酸钙。孔隙比陶瓷环少，比表面积不及陶瓷环的一半。可用作硝化菌的载体，即作为生物净化材料，同时可向水体提供钙质，提高水体硬度和碱度。

（8）火山岩。天然材料，褐色，火山熔岩凝固后形成，孔隙较大，比表面积不及陶瓷环的一半，是比较常用的生物净化材料。

（9）塑料生化球。一般采用硬质塑料制成，黑色或白色，有球形、圆柱形等，有沉水性和浮水性两大类，作为生物净化材料，在水中滚动起来才有比较理想的效果。

（10）沸石。砾石状天然材料，很多孔隙，具有吸附、平衡阴阳离子的功能，可吸收水中的离子氨、硫化氢、有机物和重金属离子，能有效地稳定 pH。简而言之，有利于水质清洁和稳定，但功效不很强。

（11）麦饭石。砾石状天然材料，含有并能持续缓慢地释放多种微量元素，且具有很轻的吸附能力，对酸碱度有缓冲作用（即保持 pH 的稳定）。大约一年更换一次。

一个锦鲤鱼缸的过滤系统，至少包含物理过滤和生物净化两类材料。

（1）水泵。水泵是过滤系统的一部分。水泵使水流动，制造循环水流，是循环过滤的基本条件。在锦鲤缸，水泵的类型、口径、功效参数（流量和扬程）和功率是与过滤系统的种类以及鱼缸的大小相匹配的。

类型方面，锦鲤缸一般用潜水泵或潜水离水两用泵，使用上部过滤槽的也可以配二合一潜水泵（兼具扬水增氧两种功能）。口径以 16 毫米、20 毫米、25 毫米较常见，具体选择哪种口径，与水泵功率、流量、配套的水管口径及鱼缸大小有关。扬程的选择取决于水泵进水口所处的水体的表面与出水口的落差，一般扬程 2 米就够了。流量才是最重要的参数，一般要求鱼缸里的水每 1~4 小时循环一遍，比如一个 1 000 升的鱼缸，应该选择在扬程 2 米时流量（注意，不是最大流量）达到 250~1 000 升的水泵，这是理论流量，考虑到流量损耗，实际选择标称的流量应为 300~1 200 升。至于功率，一般取决于扬程和流量的乘积，所以选定了扬程和流量就无须考虑功率的问题。

（2）气泵。除非采用的是兼具扬水增氧两种功能二合一潜水泵，一般都有配备气泵。尽管水的流动会增大空气中的氧溶入水体的速度，循环系统有给水体增加溶解氧的效果，但是由于循环系统也需要消耗溶氧，而且硝化菌在溶氧比较高的条件下工作效果更好，所以一般都要配备增氧气泵。锦鲤缸用单气头或双气头气泵，选购时主要考虑出气量和出气压力两个方面，因为一般锦鲤缸深度比较大，如果出气压不够，压缩空气可能无法从放置在缸底的气石溢出。而出气量，一般选择相应气头数的气泵中比较大的。

（3）灯。锦鲤缸一般都装顶部灯光，从上面往缸底照射，用光管或 LED 灯，全色光（亦即俗称的白光），亮度相当于 40 瓦左右日光灯管。

（4）其他器材。固定安装的功能性的器材基本就是上述几种，非功能性的器材，也就是所谓装饰性器材适用于锦鲤缸的很少。因为锦鲤属于力气大的观赏鱼，而且有挖掘的爱好，沙、石、木、草都很难在锦鲤缸中使用，沙和草尤其不能用，适合的石头也不容易找，要够大、能放得稳、表面线条柔和没有突出的尖角的石头才能用，而沉木，很难在锦鲤缸放稳，而且容易使锦鲤受到伤害，除非放养的鲤鱼个体比较小，而沉木比较大，不会让锦鲤受伤。所以，一般锦鲤缸都不装内饰，但是，为了使鱼缸不至于过分单调，或者要衬托锦鲤的色彩，通常在缸背贴画纸。

（二）放养

鱼缸放养锦鲤，要注意总放养量（按重量计算）、放养尾数、放养个体大小、花色品种搭配、放养操作等问题。

（1）放养量。放养量应该控制在过滤系统净化能力以内。过滤系统的净化能力主要取决于净化材料的总量，根据经验，1 升陶瓷环可折合放养 1 千克锦鲤，而平均的放养密度经验值是 12 千克 / 米^3，即 1 米^3 鱼缸容积放养 12 千克锦鲤。当然还要考虑放养锦鲤的规格，鱼越小，单位重量的鱼的摄食量越大，反之亦然，比如 1 千克小锦鲤（几十条）比一尾 1 千克的中型锦鲤的摄食量可能大 1 倍甚至几倍，所以不能完全按重量来算放养密度而不考虑规格。

（2）放养尾数。一般 3~15 尾。放养鱼的总量（指重量）与鱼缸的水体体积大约成正比，但是放养的尾数却没有这样的规律。放养尾数是在总量限制下根据放养规格和养殖者个人喜好来决定的。放养数量与放养个体平均规格（平均重量）成负相关，可以用公式表达为：N（数量）$\leqslant$ V（鱼缸容积）$\times 12/W$（平均尾重）。

举例说明：加入鱼缸总水体体积为 500 升，而准备放入的锦鲤平均体重为 400

克，N（数量）≤ 500×12/400，即 N（数量）≤ 6 000/400（=15），放养数量的上限为 15 尾。

在此例中推导出的放养上限为 15 尾，具体放养数量是在不超过 15 尾的条件下，由养殖者自己决定，但是一般还是在上限的 1/2~4/5 比较妥当。

实际上，放养数量并没有规定，主要根据养殖者个人喜好，只要你愿意，放 1 尾可以，放 100 尾也可以，但不能改变的是鱼缸总容纳量。

（3）放养个体大小。放养鱼的总量（指重量）取决于鱼缸水体总体积。在鱼缸总体积确定的情况下，放养个体平均规格（平均重量）与放养数量成负相关，并且在一定范围内成反比（说明：个体大小在 100~500 克范围内时，放养规格与放养数量成反比，但是鱼类一般个体越小，新陈代谢越快，单位重量耗氧率越高，个体越大，单位重量耗氧率越低，比如平均体重 1 克的锦鲤，1 000 尾为 1 千克，它们的总耗氧率比一尾 1 千克的锦鲤高得多，至少达到后者的 10 倍，所以超出范围的规格就与放养量不成比例），即放养数量越多，平均放养规格就越小。上述公式也适用于放养规格的推算，公式可变更形式为：W（平均尾重）≤ V（鱼缸容积）×12/N（数量）。

举例说明：加入鱼缸总水体体积为 500 升，而准备放入锦鲤的尾数确定为 11 尾，W（平均尾重）≤ 500×12/11，计算得 W（平均尾重）≤ 6 000/11（=545.45），即平均放养规格不超过 545 克，为预留成长空间，最好放养 300~400 克的锦鲤。

大多数的锦鲤鱼缸放养的锦鲤个体，在 25~60 厘米（全长），小于 25 厘米的锦鲤观赏效果不理想，而超过 60 厘米的锦鲤，真正爱好锦鲤的人士一般不会将它养在鱼缸里。

缸养锦鲤

锦鲤养殖缸局部

在实际放养时，先确定放养数量还是先定放养规格，都是养殖者个人说了算，都是正常的。但是数量和规格这两个因子应该先确定一个，然后推算另一个，否则一旦造成超过鱼缸容纳量的情况，管理的难度就很大，养殖过程中死鱼的风险必将剧增。

（4）花色品种搭配。在鱼缸中养锦鲤，与水池养锦鲤在花色品种搭配方面有一些不同，主要是两个方面的原因，一是鱼缸体积小，放养数量少，二是鱼缸赏鲤是从侧面观赏的。

现在的家庭养鱼缸大多数是玻璃的，适合从侧面观赏，而玻璃缸最常养的观赏鱼是热带鱼，除淡水魟鱼外，几乎都是适合侧面观赏的鱼。锦鲤养在玻璃缸里，本来除了底部之外，其他各个方位都可以看到鱼，都适合欣赏，但是一方面是由于摆放高度的关系，另一方面是顶部常常安装灯具或者有盖，所以实际欣赏的角度是鱼的侧面。养在鱼缸中的锦鲤，我们欣赏到的是它们的侧面，而构成鱼缸整个画面景观的，是缸中所有锦鲤的侧面。因此，我们挑选鱼缸中养殖的锦鲤，或者设计锦鲤缸的整个观赏画面，需要考虑的是锦鲤的侧面形象，这一点与水池养锦鲤是完全不同的。

传统的锦鲤品种，并没有为鱼缸养殖而培育的，但是在我国，有人用锦鲤与我国特有的地方鲤鱼品种——广西长鳍鲤杂交，培育出了锦鲤新品种长鳍锦鲤（又名龙凤鲤）。该品种继承了长鳍鲤特有的鳍长大柔软的性状，也吸收了锦鲤的各种色彩斑纹的特点，特别适合在鱼缸中养殖。但是，该品种目前在色彩斑纹方面还未达到日本锦鲤的水平，特别是锦鲤主要代表“御三家”品种，斑纹清晰程度没有达到日本锦鲤的水平，碎纹多，色泽不浓郁，切边不清晰，所以并没有被锦鲤行业主流认可为锦鲤，而是被排除在外，作为单独的彩色鲤品种。

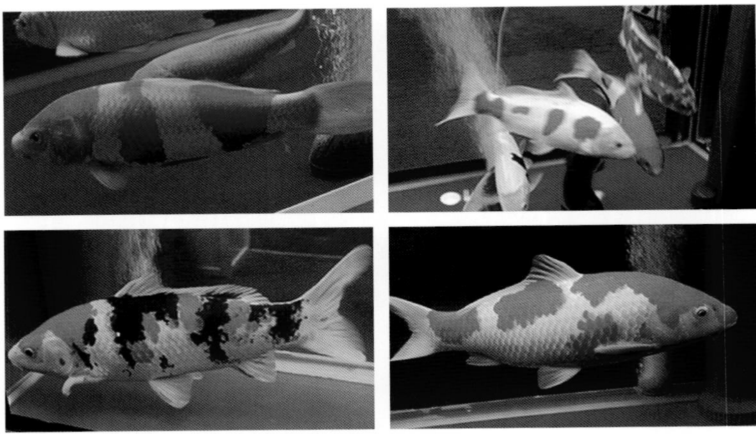

适合鱼缸养殖的锦鲤

这是一部分适合鱼缸养殖的锦鲤，这儿的红白、三色与鱼池养殖的同品种有些微的不同，它们的色彩更丰富，红斑并不坚守“红不过腹”的传统教条。

长鳍锦鲤

长鳍锦鲤潇洒飘逸，侧面观看更能表现其特有气质，该品种就是为鱼缸养殖而培养的，但是目前长鳍锦鲤的品相还不能令人满意。

如果您为了家庭装饰、美化环境或者个人欣赏，不介意是否被锦鲤行业认可，长鳍锦鲤是一个不错的选择。该鱼有许多分支品种，多种色彩斑纹，其中的白金、黄金品种光泽度不亚于传统锦鲤的同色品种，多个分支品种混养于鱼缸，一群鱼轻游曼舞、五光十色而且熠熠生辉的景象，可谓美不胜收，定能给您带来精神的舒畅和愉悦。但是，最好不要将长鳍锦鲤与传统锦鲤同缸混养，因为长鳍锦鲤游动较慢，它的鳍很容易在锦鲤的冲击下破损，而且抢食能力不如传统锦鲤，长时间后长鳍锦鲤会因营养缺乏而体质下降。

如前面所述，传统的锦鲤品种是以俯瞰的方式欣赏的，同样也是以俯瞰的美感作为选育的方向，没有为鱼缸养殖而培育的。而现在中国鱼缸养锦鲤者众多，专门用于鱼缸养殖的锦鲤其实有很大的市场空间，作为中国的观赏渔业研究者，笔者在此呼吁观赏渔业开发探索者，特别是锦鲤产业从业者，有志于推动我国观赏鱼产业发展、创新观赏鱼品种的人士，与我们携手，共同开发出适合我国国情、专用于鱼缸养殖的锦鲤新品种。

再回到花色品种搭配的话题，大的方向上与水池养锦鲤一样，都是“御三家”为主，其实也可以说红白为主，这个原则大多数人都认同，具体细节方面有比较明显的差异：其一，鱼缸中放养 3 尾以内锦鲤时，建议不要放养单色鱼；其二，放养 10~20 尾锦鲤时，放养的花色品种可以多一些，“御三家”锦鲤所占的比例可以降低到 1/3~1/2，单色鱼也可以占到总数的 1/3~1/2，甚至“红棒”也可以作为一个品种放养，非主流品种也可以多放几种，但是每一个单色和非主流品种以一尾为限；其三，挑选“御三家”品种时，不能完全按照经典的鉴赏标准去看模样斑纹，而是要挑色斑比较大块的，比如红白要挑“大模样”的。下面这两条就属于比较适合鱼缸养殖的锦鲤个体。

侧面好看的红白锦鲤

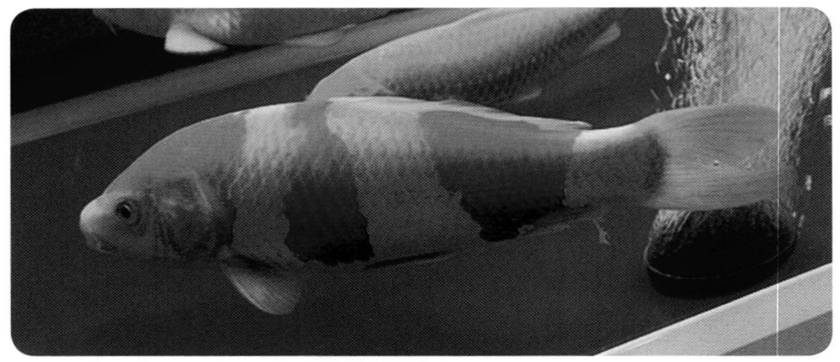

侧身漂亮的红白锦鲤

上述两条红白锦鲤，以经典的鉴赏标准来看，都不算好鱼，比如经典的鉴赏标准“红不过腹”，这两条红白锦鲤都犯了这条忌，还有“红不过眼”，后面这条鱼也违反了这条标准，但是，难道这两条鱼从侧面欣赏不比仅在背部有一点红斑的红白锦鲤更漂亮吗？

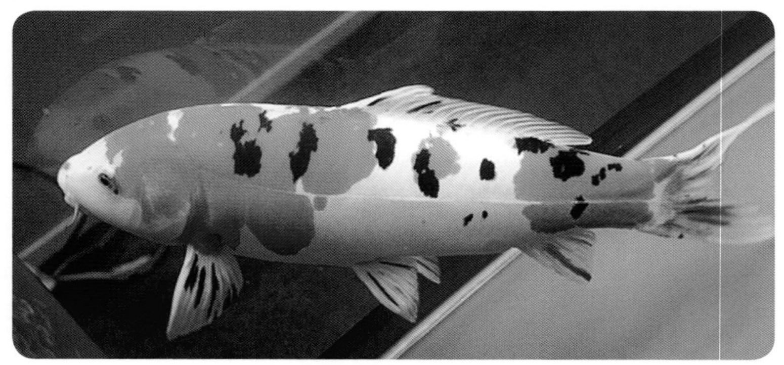

德系三色锦鲤

这一尾德系三色锦鲤，侧面看红斑大、色泽好、模样均衡合理，有相当高的美感，但是如果俯瞰来欣赏，恐怕只能算一般了，这样的锦鲤，并不是专用于缸养的品种，但是它符合缸养的审美要求。

（三）日常管理

日常管理的主要内容是喂食、水质观察和管理、病害防治。

（1）喂食。常用饲料是浮水性配合饲料，最好用锦鲤专用饲料，蛋白质含量为 35%~40%，饲料的粒径与所养锦鲤的口径相协调。一般一天喂两餐，早晚各一餐，每餐定时、定量，每次喂食量以 10 分钟之内吃完为度。

（2）水质观察和管理。鱼缸水体相对于水池来说要小得多，水质的变化会比鱼池更快，为了避免或减轻水质突然恶化给锦鲤造成的伤害，需要根据频繁地观察检测水质。

水质观察不是观察的全部内容，观察的内容还包括气泵、水泵是否正常运转等。

水质要求与水池养殖锦鲤基本一样：溶解氧≥ 5 毫克 / 升，pH 7~8.5，非离子氨≤ 0.02 毫克 / 升，亚硝酸盐≤ 0.02 毫克 / 升，硬度 100~300 毫克 / 升，水体清澈度要求较高，要清澈透明，无色、无味、无悬浮污物。

水质观察不光要每天用肉眼观察，还要定期检测，肉眼发现异常（包括水质肉眼观察的异常和鱼的异常）时，要立即进行检测。

水质观察要求每天进行。每天喂鱼、赏鱼时可先对水质观察一番，看水面是否有长时间浮沫、浮沫的量大不大，看水面是否有剩饵，看水体是否够清澈，看水体是否有颜色（如果鱼缸里有沉木，那么水体带一点褐色也是正常的），看水中是否有悬浮污物，看水底是否有积存的粪便或残饵。如果不该有的东西（或现象）都没有，肉眼观察就过关了。

水质检测指标包括：pH、非离子氨、亚硝酸盐、硝酸盐。溶解氧要准确测量比较困难，费用比较高，有循环过滤装置并且有气泵充气的鱼缸，一般不会出现溶氧不足的问题，而且溶氧不足如果很严重，鱼会“浮头”（在水面吞咽空气），这是很容易靠肉眼观察到的，所以一般不要求检查溶解氧。

pH 每半个月检测一次。封闭水体在养鱼的情况下会有酸化（即 pH 下降）的趋势，一方面，鱼类呼吸产生的二氧化碳与水结合成为碳酸，使水酸化；另一方面，硝化反应的最终产物是硝酸根，硝酸是强酸，如果没有强碱离子（强的阳离子）与硝酸根中和，水会很快酸化。当水酸化到一定程度时，锦鲤的呼吸和排泄功能都会受到阻碍，甚至会造成死亡。锦鲤适应中性至弱碱性的水。为了避免或减缓 pH 下降，通常的做法是在过滤槽中放一些珊瑚砂、贝壳或者石灰石。短时间内迅速提高 pH 的办法是：换水，或者向水中投放适量生石灰、纯碱等。不过快速提高 pH 对锦鲤会造成伤害，一天之内 pH 变化幅度超过 0.3，就会对锦鲤造成伤害，所以应尽量避免。

非离子氨和亚硝酸盐每半个月至一个月检测一次，可以在换水后的第二天检测。

硝酸盐不是一定要检测的指标，它的毒性非常微弱，即使达到 300 毫克 / 升，锦鲤都能承受，但是太高也是有害的。由于鱼缸中没有反硝化反应存在，而硝酸盐作为硝化系统的最终产物，它是会不断升高的，只有换水能使之减少，所以我们需要知道换水量和换水频率是否够，是否能避免硝酸盐过高，因此还是需要定期检测。一般硝酸盐指标检测的频率是每 1~2 个月一次。

水质管理的内容包括循环净化系统安装调试、水质监测、日常水质调控，其日常工作其实是根据水质监测的情况，对水质进行控制和调整。

当我们发现水质异常、不符合锦鲤生存生长的要求时，针对不同水质因子的不同情况，采取相应的调整措施。

非离子氨和亚硝酸盐高于锦鲤的安全值时，意味着进入水体的含氮化合物超过了硝化系统的工作能力，可能是投喂太多，也可能是鱼有肠道疾病消化不好，还有可能是硝化系统已经超负荷了。这时应该认真观察和分析原因，然后采取相应的措施，比如放养密度是不是太大，鱼是否健康，循环系统是否正常运转，水流是否能从净化材料的中间经过，生物净化材料是否充足等。

硝酸盐是硝化反应最终产物，从建立硝化系统开始就会不断升高。硝酸盐的值高、上升速度快都说明硝化系统工作能力强，而不是硝化系统不好！如果硝酸盐过高，会造成水质变酸、pH 下降，而且硝酸盐本身高到一定程度后对鱼也会产生毒害，所以硝酸盐浓度如果接近 300 毫克 / 升，那就必须尽快换水。

（四）病害防治

预防疾病的要点：一是管好鱼，二是管好水。主要的预防措施是：不买病鱼；尽量避免零星地买鱼（尽量减少买鱼的批次，一池的鱼最好来自同一鱼场、同一天入池）；新买来的鱼一定做鱼体消毒；喂食忌过量，剩饵及时清除，不喂变质饲料；不让外来人接触池水，避免不干净的水进入鱼池；接触鱼饲料或鱼池水体之前要洗手消毒。

三、公园内湖养锦鲤

我国城市里正规一点的公园，一般都会有河或者湖，但一般公园的河都不是天然的，也不是与自然水域自由连通的，所以其实河与湖只是形态不同，本质上并没有太大差别。

公园的湖与河都不能没有鱼，因为没有鱼的水是死水，很容易变质、发黑、发臭，或者滋生蓝藻湖淀，对于公园来说这样的情况是不能接受的。锦鲤是最理想的景观鱼，养在公园内湖可以给公园增色。

在公园里观察过锦鲤的人都会发现，公园的锦鲤品相都比较差，只能远看不能近观。还有，公园内湖的水色浓稠，鱼在水里偶尔露峥嵘，不是想看就能看得到的。也就是说，公园内湖养锦鲤存在两个主要问题，一是鱼的品相差，二是水色太浓。

公园内湖要怎样养锦鲤，不是一个纯粹的技术问题，更主要的还是养锦鲤的目的先要明确，根据养殖的目的，应用相应的技术。

通常，公园内湖养锦鲤的目的是多方面的，但是各公园的管理者可能侧重点不一样，养殖锦鲤的目的无非就是以下几个：①防止湖水过肥、过浓，变成死水。②丰富公园的景观，增加公园内湖的色彩。③增加湖水里的生机活力。④增加娱乐方式，比如投喂锦鲤、看锦鲤抢食。⑤展示和出售锦鲤，增加公园收入。

以上五种不同的目的，唯有第 5 条与锦鲤的品质有关，前 4 条都与锦鲤的品质无关，而第 5 条其实和内湖没有必然的关系，因为展示和出售的锦鲤，一般不是公园内湖的产品。至于前 4 条为什么与锦鲤的品相无关，其实只要你认真想一想就会明白。

既然公园内湖养殖的锦鲤，品相差也无所谓，那么公园内湖养锦鲤还有没有讲究？有！笔者认为，公园内湖养锦鲤，讲究的是整体效果，这和其目的是相互呼应的，整体效果好，就能实现上述 4 个主要目的。

首先，防止湖水过肥，这是美化公园环境的需要，不仅仅是为了让锦鲤更好地展现它们的丰富色彩。这一点与家庭养锦鲤（包括庭院和鱼缸）完全不同，目的与手段互换了位置，家庭养鱼，水质管理是为锦鲤服务的，而公园内湖养锦鲤是为了使内湖的水更活、更清、更好看。

那么，如何才能使湖水更活、更清、更好看呢？笔者认为可以采取以下几个技术措施，相互配合，即适当的养殖鱼类品种搭配、适当的锦鲤密度控制、适当的投喂饲料、适当种植水生植物。

内湖水色过于浓郁主要是富营养化造成的藻类（浮游植物）过度繁殖、滋生蓝藻湖淀。锦鲤是杂食性鱼类，它的主要食物是底栖动物，对于藻类（浮游植物），它只能摄食极少数的凝结成团的部分，而对于单细胞藻类毫无办法，能控制藻类的，唯有鲢鱼。一般，不投饵、不施肥的泥底池塘，每 666.7 米 ^{2} 放 30~50 尾（规格 300~500 克）鲢鱼就能够控制藻类，防止其过度繁衍。锦鲤的密度，应控制在每 666.7 米 ^{2} 100 尾以下并且 75 千克以下。另外，还应该混养少量捕食性鱼类，即吃鱼的鱼，比如鳜、乌鳢、鲶鱼（中国胡子鲶）、鲌鱼（翘嘴鲌、蒙古红鲌等）。其中乌鳢和鲶鱼并不是最理想的选择，因为它们在静水中自然繁殖，内湖中放养这两种鱼之后，数量会越来越多，不好控制。捕食性鱼类的放养量一般每 666.7 米 ^{2} 水面 2~3 尾。

混养捕食性鱼类的目的是控制锦鲤的总量。锦鲤是在静水中产卵繁殖的，它的受精卵是黏性卵，黏附在水草、树根或其他硬质物体的表面孵化。公园内湖具备锦鲤繁殖的一切条件，所以只要有成熟的雌雄锦鲤，它们一定能在公园内湖自然繁殖。许多公园内湖锦鲤数量过多，基本都是锦鲤不受控制的自然繁殖造成的。自然繁殖也是造成公园内湖锦鲤品种混乱、品质整体下降、小个体过多的根本原因。

在自然繁殖得到控制的情况下，可以通过放养品种的合理搭配，以相对低廉的成本，获得较好的整体效果。推荐的放养比例是：红白锦鲤 20%~30%，黄金锦鲤 10%~15%，白金锦鲤 10%~15%，全红锦鲤 15%~20%，昭和三色锦鲤 5%~10%，白泻锦鲤 5%，秋翠锦鲤 5%~10%，孔雀锦鲤 5%~10%，茶鲤 5%~10%，其他品种可有可无。放养规格最好是全长 30~50 厘米。

公园内湖通常设置一个专门的投饵区，供游客投放饲料，吸引锦鲤。投放的饲料应该由公园统一供应，应采用浮性饲料，饲料的品牌型号（质量）应该稳定，每天投放的饲料应该基本稳定。投饵区应该尽可能建硬底，以免因鱼的活动频繁而使水浑浊。另外，还要在投饵区附近安装推水装置（水泵、定向气泵、推水机等），制造缓慢的流水，以避免投饵区因残饵、鱼粪过度积压而造成水质恶化。

5

锦鲤病害防治

一、病害防治的意义和策略

任何生物都有威胁其生存的因素，这些因素就是病害。病害包括两个方面：一是生物本身的内因，二是生物所面临的外因。

就锦鲤而言，内因主要是其体质，而外因则包括生存环境中的非生物因子和生物因子。非生物因子主要是水温、水质（包括溶解氧、pH、硬度、氮化合物、其他有毒物质）状况，以及水温、水质的突然变化，生物因子主要是各种微生物，包括病毒、细菌、霉菌、原生动物、藻类、寄生虫等。

锦鲤是高度近亲化的品种，遗传多样性的减少造成其抗病力下降，不但疾病容易发生，一旦发病往往造成很大损失，有些疾病一旦暴发，可能造成全池锦鲤全部死亡。鱼场如果没有控制好病害，会造成灾难性的后果，经济效益会受到很大的影响；一个区域如果没有控制好疫情，整个锦鲤产业都会遭受巨大的经济损失。

锦鲤病害防治的策略：坚持以防为主，尽可能减少疾病的发生。要减少发病的机会，主要采取以下方面的措施：

（1）保持良好水质，保持足够的溶氧量，避免使用被污染的水。

（2）池之间不要过水串水，避免交叉感染。

（3）拉网操作和搬运时避免损伤鱼体，避免因外伤诱发细菌感染。

（4）保持水质稳定，避免水温、水质骤变。新进的鱼要慢慢过水，使鱼有较长的时间适应水温和水质的变化，避免应激反应。

（5）购买来的鱼要先消毒才放池，尽量不混养不同来源的鱼。

（6）不引入疑似不健康的鱼。

二、主要疾病及其防治

（一）病毒性疾病

目前已知的由病毒引发的锦鲤疾病主要有疱疹病毒病、鲤春病毒病、感冒症，虽然种类不多，但对锦鲤危害极大。

1. 疱疹病毒病

这是一种令锦鲤养殖业者闻之色变的“瘟疫”，近 10 年来，每年给世界锦鲤产业造成过亿元的损失。

【病原】鲤疱疹病毒（KHV），一种 DNA 病毒。

【症状】体表有溃疡，皮肤黏膜被破坏而失去光泽，局部皮下充血，鳍膜不同程度糜烂，末梢鳍丝裸露，鳃组织局部坏死，常见鳃部有火柴头大小的脓样坏死物，眼球下凹。一条病鱼往往不是全部症状都有。

【流行情况】世界各地都有发生，据说最早是在以色列发现的。水温 13~29℃是发生条件，在这个温度范围以外，即使携带病毒的鱼体也不会出现症状。在我国南方，发病季节是 11 月至次年 5 月。进口的第一代日本锦鲤容易发生，“土炮”免疫力稍强。

感染疱疹病毒病的锦鲤幼鱼外观

【预防措施】秋季末开始，经常投喂清火类中草药拌的药饵。有效的中草药是：板蓝根三黄散、大黄粉、四黄粉。每 1~2 星期投喂一天。

【治疗方法】

（1）将水温提高到 30℃，用聚维酮碘泼洒，使池水药物浓度达 1 克 / 米 ^{3}。

（2）投喂中草药药饵，连续一星期，同时鱼塘泼洒聚维酮碘，使池水药物浓度达 1 克 / 米 ^{3}，连续泼洒 3 天。

（3）用浓度为 100 克 / 米 ^{3} 聚维酮碘浸泡患病鱼 30 秒，每天一次，连用 3 天。

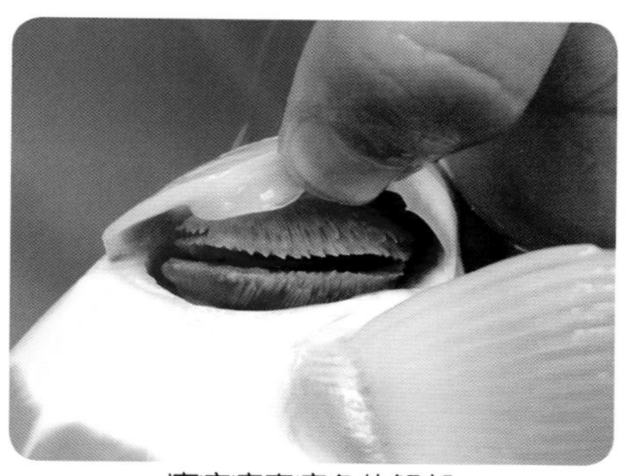

疱疹病毒病鱼的鳃部

2. 鲤春病毒病

又称为鲤鱼病毒性败血症。

【病原】鲤弹状病毒。

【症状】病鱼群集于入水口处，体色发黑发暗，虚弱至无力维持身体平衡，体表及鳃部有瘀斑性出血点，肛门红肿充血，挤压有脓血流出，个别眼球突出。

【流行情况】危害对象是鲤鱼，包括锦鲤，可以在普通鲤鱼和锦鲤之间相互传染，发病季节多为春季，水温升至 20℃以上即很少发生。

【预防措施】越冬结束时投喂清火类中草药拌的药饵，有效的中草药是：板蓝根三黄散、大黄粉、四黄粉，连续喂 3 天以上，同时用聚维酮碘全池泼洒一次，使池水药物浓度达 0.5 克 / 米 ^{3}。

【治疗方法】

（1）将水温提高到 20℃以上，用聚维酮碘泼洒，使池水药物浓度达 1 克 / 米 ^{3}。

（2）投喂中草药药饵，连续一星期，同时鱼塘泼洒聚维酮碘，使池水药物浓度达 1 克 / 米 ^{3}，连续泼洒 3 天。

（3）用浓度为 500 克 / 米 ^{3} 聚维酮碘浸泡患病鱼 30 秒，每天一次，连用 3 天。

3. 感冒症

又名昏睡病。

【病原】疑为鲤感冒病毒。

【症状】病鱼静伏池底，很少游动，表皮可见血丝，白色皮肤位置血丝尤其明显，病鱼食欲减退甚至消失。病鱼不会迅速死亡，如果没有采取治疗措施，一段时间后会零星死亡。

【发病规律】锦鲤感冒多发时期是每年 3—5 月和 9—12 月，亦即季节转换、温度剧变的时期，在养殖过程中较少发生，在搬运、长途运输之后最常发生，与年龄、规格没有明显关系。

【预防措施】

（1）转换锦鲤养殖场所时注意前后两池及运输时的温差，如果温差超过 2℃，就必须经过至少半小时的过水、同温，才能进入下一环节。

（2）在感冒多发季节每 10 天左右全池泼洒聚维酮碘杀灭病毒，使池水药物浓度达 0.5 克 / 米 ^{3}。

（3）感冒流行季节间插投喂板蓝根、大黄粉拌制的药饵，药和饲料的比例为 1 : 1 000。

（4）新搬运来的鱼用聚维酮碘溶液浸泡消毒（剂量参考“疱疹病毒病”预防

措施），同时，纳鱼池加食盐至浓度为 3‰ ~ 5‰。

【治疗方法】

（1）1% 食盐溶液浸泡 20 分钟，每天一次，连用 3 天。

（2）用聚维酮碘全池泼洒，使池水药物浓度达 0.5~1 克 / 米 ^{3}。

（3）板蓝根三黄散浸泡 12 小时后全池泼洒，使池水药物浓度达 2~3 克 / 米 ^{3}。

（二）细菌性疾病

锦鲤的疾病中，细菌性疾病的种类是最多的，危害仅次于疱疹病毒病。此处介绍一些较常见的种类。

1. 竖鳞病

患竖鳞病的茶鲤

又叫立鳞病、松鳞病、松球病，也是一种很常见的细菌性鱼病。

【病原】水型点状假单胞菌。

【症状】病鱼全身鳞囊发炎、肿胀积水，鳞片因此几乎竖立，鳞片之间有明显缝隙，整条鱼看上去比正常的鱼肥胖很多。所以，竖鳞病更科学的称谓应该是鳞囊炎。

【诊断方法】竖鳞病可以肉眼诊断，凡是鱼全身的鳞片不紧贴身体，看上去鳞片之间有明显的缝隙，就可以确诊为竖鳞病。关键点是：竖鳞是全身性的，其他的炎症可能造成局部鳞片松散，那不能算竖鳞病。

【流行特征】竖鳞病发生的规律主要有三点：一是无鳞鱼不会发生，而有鳞片的淡水鱼几乎任何种类都有可能发生；二是温度偏低时容易发生，发生在春季较多，但其他季节同样会发生；三是水质不良或鱼体外伤也会诱发此病。

竖鳞病的传染性不强，但是同一水体内的同一种鱼可能会有多条鱼同时发病，因为它们有同样的发病条件。

【预防措施】

（1）经过长途运输的鱼要进行体表消毒。

（2）尽量避免水温起伏。

（3）保持良好水质，避免氨氮、亚硝酸态氮超标。

（4）露天鱼池每半个月进行一次水体消毒，药物和剂量同烂鳃病预防一样。

【治疗方法】

（1）用 3% 食盐水浸泡鱼体 10 分钟，每天一次，连用 3 天。需注意的是，有些鱼类不能承受，浸泡时要注意观察，随时终止。

（2）用碘制剂（包括季铵盐碘、聚维酮碘、络合碘等）泼洒水体，含有效碘 1% 的该类药物使用剂量为 0.5 克 / 米 ^{3}。隔天再用 1 次。

（3）水体泼洒漂白粉 1 克 / 米 ^{3}，或二氧化氯或二氯异氰脲酸钠或三氯异氰脲酸 0.2~0.3 克 / 米 ^{3}，隔 2 天后再施用一次。

（4）每立方米水体泼洒青霉素 500 万国际单位，或氟苯尼考 0.5 克。

（5）氟苯尼考或磺胺二甲氧嘧啶（SDM）拌饲料投喂，药量按每千克鱼体每天 100 毫克。

（6）腹腔注射硫酸链霉素，每千克鱼体 10 万国际单位。

（7）肌肉注射青霉素钾，每千克鱼体 20 万国际单位。

2. 细菌性烂鳃病

【病原】柱状黄杆菌。

【症状】病鱼呼吸急促，鱼体发黑失去光泽，头部尤其乌黑。揭开鳃盖可见到鳃部黏液过多，鳃的末端有腐烂缺损，鳃部常挂淤泥。病情严重时鳃盖“开天窗”，即鳃盖上的皮肤受破坏造成鳃盖中部透明。高倍显微镜下观察可见到大量的柱状黄杆菌。

细菌性烂鳃与寄生虫性烂鳃、病毒性烂鳃相比，最明显的特征是鳃部挂淤泥。

细菌性烂鳃病病鱼的鳃部

细菌性烂鳃病病鱼的鳃部（鳃部淤泥）

【流行情况】本病主要发生在生产季节，春夏最为常见，因此危害较大。几乎所有鱼类都有发生此病的可能，影响面广。该病有一定的传染性，一旦发生就不会是个别现象。该病容易在水质差或过肥、经常缺氧的水体发生。

【预防措施】预防细菌性烂鳃病的关键是水质调控，池塘养殖应保持水质的“肥、活、嫩、爽”，水色油绿色至茶色，且会在一天中不同时段呈现不同颜色，透明度 30~35 厘米。水泥池则要求水体清澈、基本没有悬浮物，配置功率适当的高效过滤装置，使水体内非离子氨、亚硝酸盐都控制在 0.01 毫克 / 升以下。保持水体内充足的溶解氧，控制适当的放养密度。春夏季节每半个月泼洒药物杀菌一次，常用药物及剂量是：漂白粉，1 克 / 米 ^{3}；二氧化氯，0.2~0.3 克 / 米 ^{3}；三氯异氰脲酸，0.3 克 / 米 ^{3}，或按照药物使用说明书所嘱浓度。

【治疗方法】细菌性烂鳃病是锦鲤常见病、多发病，但是治疗并不困难。一般采用水体泼洒药物的方式，有很多杀菌药物都是有效的，最常用的药物治疗方法是以下几种（每一条是一个独立的处方）：

（1）全池泼洒漂白粉 1 克 / 米 ^{3}，或二氧化氯或二氯异氰脲酸钠或三氯异氰脲酸 0.2~0.3 克 / 米 ^{3}，隔 2 天后再施用一次。

（2）全池泼洒季铵盐碘，含有效碘 1% 的该药物使用剂量为 0.5 克 / 米 ^{3}。

（3）全池泼洒聚维酮碘，含有效碘 1% 的该药物使用剂量为 0.5 克 / 米 ^{3}。

（4）中草药治疗：大黄、乌桕叶（干品）或五倍子等，剂量 2~5 克 / 米 ^{3}，煮水泼洒。

3. 细菌性肠炎

【病原】肠型点状气单胞菌。

【症状】病鱼体表发黑，头部尤甚，食欲减退，肛门红肿，粪便水样或黏液状，腹部膨胀、鳞片松弛，轻压腹部有脓状黏液流出。解剖可见体内症状：腹腔积水，肠道膨胀充满黏液或水而无食物，肠道壁变薄而且充血，肠道后半部充血发炎尤其明显。

【诊断】核对上述症状就可以基本判断了。确诊此病的最可信方法是检测外观症状符合的病鱼肝、肾、血中的病原菌。如果是点状气单胞菌，就可确诊。

【流行情况】细菌性肠炎是鱼类的多发病、常见病，几乎各种养殖鱼类都存在发生此病的可能。此病传染性不强，有一定的季节性，春夏季节较多见。

【预防措施】

（1）喂食时注意饲料的新鲜、干净。

（2）春季每星期投喂一次含大蒜素 1‰的药饵或含恩诺沙星 0.5‰的药饵。

（3）春夏每半个月药物泼洒杀菌一次，常用药物及剂量是：漂白粉，1 克 /

米 ^{3}；二氧化氯，0.2~0.3 克 / 米 ^{3}；三氯异氰脲酸，0.3 克 / 米 ^{3}，或按照药物使用说明书所嘱浓度。

【治疗方法】

（1）用恩诺沙星拌料投喂，每 100 千克鱼每天喂 2~5 克药，连喂 3 天。此法仅对症状轻微的初期感染有效。

（2）全池泼洒漂白粉，使池水药物浓度达 1 克 / 米 ^{3} 或泼洒二氯异氰脲酸钠，使池水药物浓度达 0.3 克 / 米 ^{3}。

（3）全池泼洒生石灰，用发好的生石灰化成乳液状均匀泼洒，生石灰用量为 20~30 克 / 米 ^{3} 水体。

（4）全池泼洒大蒜素，使池水药物浓度达 2 克 / 米 ^{3}。

（5）中草药浸泡，每 666.7 米 ^{2} 池塘用苦楝树叶 35 千克，扎成数捆投入池塘任其汁液蔓延全池。

4. 烂尾病

【病原】温和气单胞菌、嗜水气单胞菌、豚鼠气单胞菌、柱状屈桡杆菌。

【症状】发病初期尾鳍边缘和尾柄可看到黄色黏性物质，接着开始充血、发炎、糜烂，严重时尾鳍烂掉，尾柄糜烂露出骨骼。

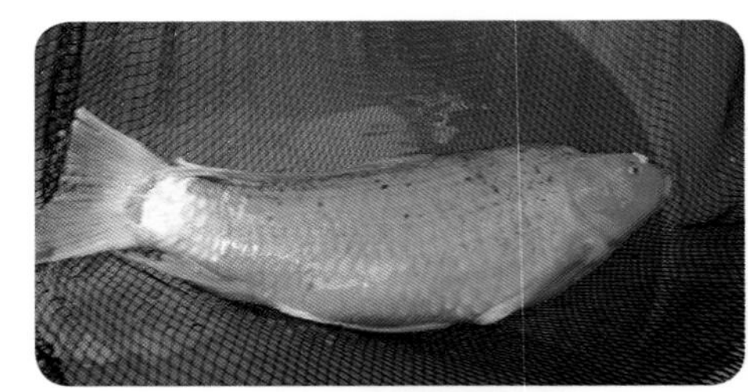

患烂尾病的火鲤

【流行情况】烂尾病发生的季节性不是特别明显，但高温季节较多发。烂尾病诱发的原因是水温（或 pH）的急剧变化影响了微循环，从而造成尾鳍末梢的细胞坏死，继而在细胞坏死部位细菌繁衍，向未坏死的细胞发展，造成进一步的炎症发生。长尾巴的鱼较容易发生此病。

【预防措施】

（1）露天水泥池养鱼，夏季一定要加盖遮阳网，避免阳光直晒水面而造成表层水温过高。

（2）夏季池塘喂鱼应避开水表层温度最高时段。

（3）避免高温季节的长途贩运。

（4）高温季节万一不能避免长途贩运，应缓慢地降温，在 25~28℃的水温中运鱼，到达目的地后再缓慢回升温度，避免水温的急剧变化。

（5）新鱼到达后应缓慢地过水，使鱼对水温、水质的变化有充分的适应时间。

（6）水体在放鱼后，加入适量消毒剂进行鱼体、水体消毒，杀灭细菌、预防炎症。

【治疗方法】烂尾病一般采用外用药水体、鱼体消毒的办法，以下每一条都是一个独立的处方：

（1）全池泼洒恩诺沙星，使池水药物浓度达 0.5~1 克 / 米 ^{3}，保持水体内药物浓度 3~4 天。

（2）全池泼聚维酮碘，使池水药物浓度达 0.5 克 / 米 ^{3}，保持水体内药物浓度 3~4 天。

（3）10% 氟苯尼考粉拌药饵，每千克饲料 2~3 克，1 天 1 次，连喂 3~5 天。

（4）复方磺胺甲恶唑粉拌药饵，每千克饲料 9~12 克，1 天 1~2 次，连喂 5~7 天。

5. 腐皮病

又叫打印病。

【病原】嗜水气单胞杆菌、点状产气单胞菌点状亚种、柱状屈桡杆菌等。

【症状】病鱼身体两侧后腹部靠近肛门的位置，或身体两侧各有一块硬币至印章大小的病灶。病灶初期是浅表性的红色炎症，之后鳞片脱落，烂及深处直至内脏。病灶鲜红色，而且形状、大小接近印章，故民间常称其为打印病。

【流行情况】该病成年鱼发生较多。一年四季都有可能发生，但以夏秋高温季节为甚。腐皮病有一定的传染性，同一水体常常同时有大量鱼染病。

【预防措施】腐皮病的预防重点在于水质，清新而富氧的水体内一般不会发生此病。具体做法：

（1）搬运操作时尽量避免鱼体受伤。

（2）保持良好水质。池塘养殖应保持水质的“肥、活、嫩、爽”，要求水体透明度 35 厘米以上。每隔 1~2 周冲一次新鲜水，鱼缸或小水泥池则要求水体清澈、基本没有悬浮物，配置功率适当的高效过滤装置，使水体内非离子氨、亚硝酸盐含量都控制在 0.01 毫克 / 升以下。

（3）保持水体内充足的溶解氧，观赏鱼的养殖水体中溶氧量应不低于 5 毫克 / 升。

（4）每半个月泼洒一次水体消毒剂杀菌消毒，每次放入新鱼也做一次水体消毒。水体消毒的药物及剂量是：漂白粉，1 克 / 米 ^{3}；二氧化氯，0.2~0.3 克 / 米 ^{3}；三氯异氰脲酸，0.3 克 / 米 ^{3}；50% 季铵盐碘，0.5 毫升 / 米 ^{3}。

【治疗方法】一般采用外用药消毒的办法，以下 1~3 条每一条都是一个独立的处方，第 4 条可结合 1~3 条中的任意一条实施。

（1）生石灰发开后化水全池泼洒，使池水药物浓度达 75 克 / 米 ^{3}，4~5 天后重复一次。

（2）全池泼洒漂白粉，使池水药物浓度达 1 克 / 米 ^{3}，4~5 天后重复一次。

（3）全池泼洒二氯异氰脲酸钠，使池水药物浓度达 0.3 克 / 米 ^{3}，4~5 天后重复一次。

（4）用氟苯尼考、恩诺沙星等抗生素拌饲料口服，每千克饲料 9~12 克，每天 1~2 次，连喂 5~7 天。

6. 白皮病

又叫白尾病。

【病原】柱状嗜纤维菌、白皮假单胞菌、鱼害黏球菌。

【症状】病鱼开始时在尾柄部位出现的一小块白斑，逐渐向四周扩散，面积不断增大，直至身体后半段——从背鳍、臀鳍相对的位置一直到尾鳍基部都变成白色，尾鳍因受炎症的影响而无法运动，严重时头朝下尾朝上，头部乌黑而亡。

【诊断要点】在白皮周围或下面覆盖的部位，没有细菌性疾病所常见的充血、水肿或炎症的现象，这些白色的皮肤组织似乎和身体没有了联系，独自坏死一般。

【流行情况】本病主要发生于 6—8 月的高温季节，一旦发病，发展非常迅速，鱼染病到死亡只有 2~3 天时间，死亡率高达 50% 以上。

【预防措施】与一般的细菌性鱼病的预防方法类似，也是从水域环境、鱼体自身两方面入手，搬运方法、水质调控等与腐皮病的方法同。

（1）6—8 月每半个月泼洒药物杀菌一次，常用药物及剂量是：漂白粉，1 克 / 米 ^{3}；二氧化氯，0.2~0.3 克 / 米 ^{3}；三氯异氰脲酸，0.3 克 / 米 ^{3}，或按照药物使用说明书所嘱浓度。

（2）高温季节在食场挂药篓，篓子内放广谱性杀菌药如氯制剂或碘制剂。

（3）不要向池塘投放未发酵的粪肥。

【治疗方法】与细菌性烂鳃病相同。

7. 赤皮病

又叫赤皮瘟。

【病原】荧光假单胞菌。

【症状】病鱼大范围的皮肤充血、发炎，躯干两侧症状尤其明显，鳍基充血发炎，鳍条末梢腐烂，鳍间膜被破坏，致使鳍丝散乱而且参差不齐。

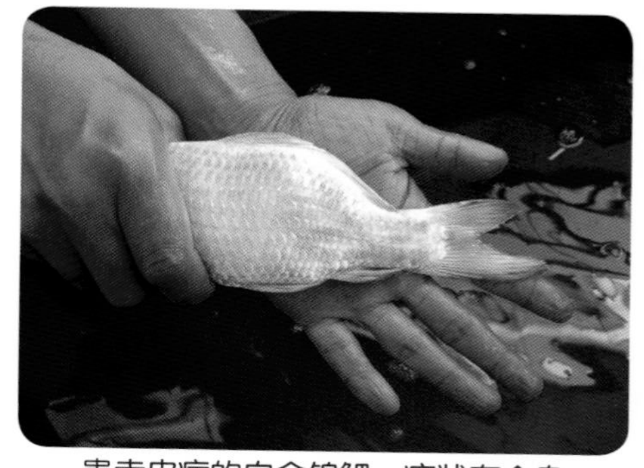
患赤皮病的白金锦鲤，症状在全身

【诊断方法】赤皮病与细菌性出血病、疖疮病的症状都有相似之处，需结合多方面观察比较才能确诊。简单地说，出血病的充血是从肌肉充血反映出来的，赤皮病的充血是在皮肤。另外，出血病病鱼烂鳍情况不如赤皮病严重，而疖疮病的病灶面积没有赤皮病那么大，局部的溃疡比赤皮病严重。

【流行情况】赤皮病传染性很强，传播非常快，一年四季都可能发生，季节性不是很明显，但是春末夏初比其他季节更多出现。其发病原因是水体致病菌过多、外伤感染造成炎症的扩散、B 族维生素缺乏造成的皮肤免疫力低下等。

【预防措施】预防措施与其他细菌性疾病类似。

【治疗方法】赤皮病一旦发生，必须立即采取药物治疗，用药方式主要为泼洒（或浸泡）和口服。具体如下：

（1）全池泼洒漂白粉，使池水药物浓度达 1 克 / 米 ^{3}。

（2）全池泼洒二氯异氰脲酸钠，使池水药物浓度达 0.3 克 / 米 ^{3}。

（3）全池泼洒 50% 季铵盐碘，使池水药物浓度达 0.5 克 / 米 ^{3}，连用 2 天。

（4）全池泼洒 5% 恩诺沙星粉，使池水药物浓度达 2 克 / 米 ^{3}。

（5）用磺胺药拌饵料投喂，每千克鱼每天喂药量为 50~100 毫克，连喂 7 天。

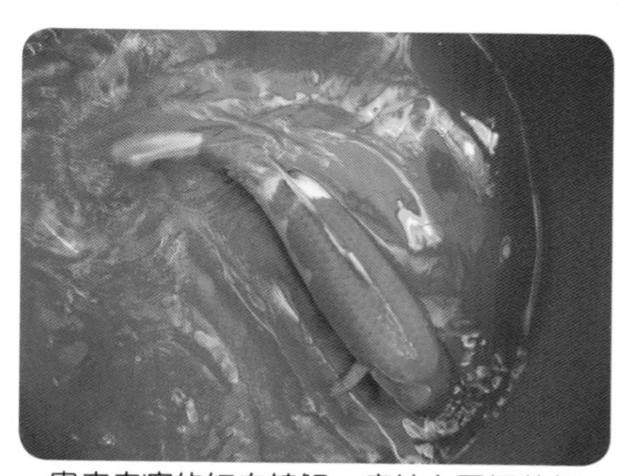
患赤皮病的红白锦鲤，病灶在尾柄前部

（6）用恩诺沙星粉或诺氟沙星粉拌饵料投喂，每千克鱼每天喂药量为 50~100 毫克，连喂 4~5 天。

8. 洞穴病

又叫烂肉病。

【病原】鱼害黏球菌，是一种革兰阴性菌。

【症状】早期病鱼食欲减退，体表部分鳞片脱落，表皮微红，外观微微隆起，随后病灶出现出血性溃疡，从头部直至尾柄均可出现。有的病灶酷似打印病，其溃疡可深及肌肉至骨骼内脏，如同一个洞穴，故称洞穴病。该病发病快，病程持续时间较长。

病灶在背部的病鱼

【流行情况】每年 9 月至次年 5 月为流行期，初冬水温为流行盛期。主要危害 2 龄及以上成鱼和产卵亲鱼。

【预防措施】

（1）经常投喂鲜活生物饵料，增加饲料营养，提高鱼体对洞穴病的抗病能力。

（2）合理密度放养，水中溶氧量最好保持在 5 毫克 / 升左右，避免鱼浮头，以增强抗病力。

【治疗方法】全池泼洒土霉素，使池水药物浓度达 0.2~0.3 克 / 米 ^{3}。用药后第三天用中草药五倍子和地丁草，煎汁全池泼洒，使池水药物浓度达 3 克 / 米 ^{3}，隔天再用一次，效果显著，可治愈。

9. 细菌性出血病

【病原】嗜水气单胞菌，短杆菌，为革兰阴性菌。

【症状】病鱼眼眶、鳃盖四周、口腔、各鳍条基部充血，有时下颌充血，腹腔内结缔组织或脂肪充血，并伴有腹水，肝脏淡红色。

【流行情况】发病高峰期 7—9 月，鱼种、成鱼都有发病，水质差的水体更易发生，发病急，死亡率高。

【预防措施】要坚持“以防为主，治疗为辅”的原则，注意观察池鱼情况，做到早发现、早治疗。定期用生石灰全池泼洒，使池水药物浓度达 20~25 克 / 米 ^{3}。

【治疗方法】

（1）用三氯异尿酸钠全池泼洒，使池水药物浓度达 0.4 克 / 米^3。

（2）用中草药大黄浸液连续泼洒 2 天，使池水药物浓度达 2 克 / 米^3。

（3）用 10 千克灰茎辣蓼（粉碎后温水浸泡）均匀拌在 100 千克饲料中，晾干，于 15: 00、16: 00，按鱼体重的 5% 投喂，连喂 2~3 天。

（三）真菌性疾病

真菌性疾病主要有水霉病、鳃霉病以及真菌性白内障，发病季节通常在冬季至初春。

水霉病

【病原】肤霉菌。

【症状】主要表现是体表或鳍生长棉絮状白毛，鱼体消瘦。发病的起因是水温低并且体表受伤，皮肤黏膜被破坏。

【流行情况】一般在水温 20℃以下发生，主要发病季节为冬春两季。

【治疗方法】

（1）提高水温至 30℃（池塘中只好听天由命），用亚甲基蓝 2 毫克 / 升 + 福尔马林 20 毫克 / 升合剂全池泼洒，隔天再用一次，共施药 3 次。

（2）用鱼用中成药，按照药物使用说明，一般为浸泡液或浸出液全池泼洒。

（四）寄生虫性疾病

寄生虫病的种类较多，并且很多种类一年四季都可以发病，对锦鲤的危害比较大。

1. 指环虫病、三代虫病

【病原】指环虫、三代虫。

【症状】两种虫形态及造成的病症都很接近，主要寄生于鳃部和身体表面，病鱼鳃盖张开，呼吸急促，身体发黑，显微镜检测可见到蛆状透明虫体。

【流行情况】一般在水温 20℃以下且缺少光照的水体发生，主要发病季节为冬春两季。

【治疗方法】

（1）用 90% 晶体敌百虫溶解并稀释后泼洒，使池水药物浓度达 0.2~0.3 克 / 米 ^{3}。

（2）用亚甲基蓝泼洒，使池水药物浓度达 2~4 克 / 米 ^{3}。

（3）用浓度 20 毫克 / 升甲醛 +2 毫克 / 升亚甲基蓝泼洒水体。

（4）用渔用溴氰菊酯溶液全池泼洒，使池水药物浓度达 0.02 克 / 米 ^{3}，每天一次，连用 3 天。

2. 锚头鳋病

【病原】锚头鳋，常寄生于锦鲤的体表鳞片下、鳍基部或鳃部。

【症状】锚头鳋以头胸部插入宿主的鳞片下和肌肉里，而胸腹部则裸露于鱼体之外，在寄生的部位，肉眼可见到针状的病原体。发病初期，病鱼急躁不安，食欲减退，体消瘦，游动缓慢，终至死亡。

【诊断方法】将病鱼取出放在解剖盘里，仔细检查病鱼的体表、鳃弧、口腔和鳞片等处，若看到一根根似针状的虫体即是锚头鳋的成虫，即可确诊。有经验的人不需要取出虫体，一眼就可确诊。

【流行情况】主要发生在鱼种阶段，一年四季皆可发生。

【预防措施】每 666.7 米 ^{2} 用生石灰 100~150 千克进行清塘，杀死水中锚头鳋幼虫和带有成虫的鱼种和蝌蚪。

【治疗方法】

（1）用 90%晶体敌百虫全池泼洒，使池水药物浓度达 0.5~0.7 克 / 米 ^{3}，可有效地杀死锚头鳋成虫。

（2）病情严重时，可用“杀虫王”全池泼洒，使池水药物浓度达 0.3 克 / 米 ^{3}，每天一次，连用 2 天。

（3）用 B 型“灭虫灵”全池泼洒，使池水药物浓度达 0.5 克 / 米 ^{3}，每天一次，连用 2 天。

3. 头槽绦虫病

【病原】九江头槽绦虫。

【症状】病鱼体表黑色素沉着，身体瘦，不摄食但口常张开，称为“干口病”。

严重时，病鱼前腹部膨胀，剖开鱼腹，可明显地看到前壁异常扩张，有的由于肠内虫体数量很多，造成机械堵塞。

【诊断方法】解剖鱼体，检查前肠扩张部位，可见白色带状虫体，即可确诊。

【流行情况】发病时间多在夏季。

【治疗方法】

（1）用 90%晶体敌百虫全池泼洒，使池水药物浓度达 0.3 克 / 米 ^{3}，同时用 90%晶体敌百虫按 3%的比例制成药饵连续投喂 3 天。

（2）每万尾鱼种用南瓜子 0.5 千克、槟榔 0.5 千克一起研磨成粉末与 1 千克米糠及 1 千克面粉混合制成药饵，每天投喂 1 次，连喂 3~5 天。

4. 小瓜虫病

又叫白点病。

【病原】多子小瓜虫。

【症状】病鱼全身遍布小白点，严重时因病原对鱼体的刺激导致病鱼分泌物大增，体表形成一层白色基膜。

【诊断方法】显微镜观察病灶部位黏液的涂片，可见到瓜子状的原始单细胞生物。

【流行情况】小瓜虫病在低温、缺少光照时容易发生，因此冬季越冬的鱼以及初春刚从温室转移至室外养殖的鱼最容易患病。水温高于 30℃时不会发生此病。主要危害对象是鱼苗、鱼种。很多种鱼类都会感染此病，不光是锦鲤，热带鱼也容易患上此病。

【预防措施】

（1）保持适当的水温，避免越冬水温过低。

（2）越冬鱼提早入温室，避免在水温低时捕捞、搬运。

（3）低温季节避免可能对鱼体表黏膜造成伤害的操作。

（4）使用对黏膜没有伤害的药物如聚维酮碘、诺氟沙星进行鱼体消毒。

（5）尽可能使温室照射到一些阳光。

【治疗方法】

（1）将水温提高到 30℃，同时加盐使水体盐含量达到 3‰。

（2）用亚甲基蓝化水后泼洒，使池水药物浓度达 2~3 克 / 米 ^{3}。

（3）用大蒜素水体泼洒，使池水药物浓度达 2~3 克 / 米 ^{3}。

（4）在保证水温不剧烈变化的条件下，让鱼在 20 厘米的水位下晒太阳或用紫外灯照射，每天 1 小时，连晒 3 天。

5. 指环虫病

【病原】指环虫，是一种蠕虫。

【症状】病鱼身体发黑，呼吸急促，体表黏液增多，在角落扎堆缓游，扒开鳃盖可见到鳃部黏液多，颜色不鲜艳，部分鳃组织受到破坏。

【诊断办法】剪取部分鳃丝，压片在显微镜低倍目镜下观察，可见到一端固着另一端扭动或蠕动的透明小虫，虫体中央有指环状组织。

【流行情况】指环虫病是影响和危害最大的蠕虫类鱼病之一，危害范围不论从地域还是对象鱼的种类等方面看都是很广的，各种养殖鱼类，包括各种观赏鱼，都是该病的侵害对象，而小型鱼、鱼苗一旦受侵害，死亡率比较高。活跃的季节是春末夏初，适宜水温为 20~25℃。

【预防措施】指环虫的预防一方面调控好水质，另一方面鱼苗、鱼种下塘前用 20 毫克 / 升高锰酸钾溶液浸泡 15~30 分钟消毒。

【治疗方法】

（1）用 20 毫克 / 升高锰酸钾溶液浸泡鱼体 15~30 分钟。

（2）用 90%晶体敌百虫全池泼洒，使池水药物浓度达 0.2~0.4 克 / 米 ^{3}（注：有些鱼类对敌百虫很敏感，如脂鲤类的很多种类忌用此药。未试验过用此药的观赏鱼应先小规模试验，另外，大多数养殖鱼类的药量上限是 0.3 克 / 米 ^{3}，没把握时不可突破此限）。

（3）用氯氰菊酯全池泼洒，使池水药物浓度达 0.015 克 / 米 ^{3}。

6. 中华鳋病

【病原】中华鳋，是一种鳃部寄生虫。

【症状】病鱼躁动不安，整天在水面游动，食欲减退，呼吸困难，最明显的特征是尾鳍上翘，尾鳍上叶常露出水面。

【诊断办法】取活鱼掀开鳃盖，可见到病鱼鳃部有微小的白点，大约 2 毫米长，鳃丝有局部的肿胀、发白甚至缺损。显微镜观察这些白点，可见到小型甲壳类生物（形态类似水蚤）。

【流行情况】中华鳋病是寄生虫类烂鳃病的典型代表，在我国流行甚广，长江流域、珠江流域是该病多发区。该病的流行季节在长江流域是5—9月，在珠江流域是4—11月。该病主要危害一周岁以上的大鱼。

【预防措施】中华鳋病的预防，一方面在每年开春放养前用生石灰清塘消毒，杀死虫和虫卵；另一方面，放养的鱼先用10毫克/升高锰酸钾溶液浸泡15分钟消毒。

【治疗方法】

（1）用90%晶体敌百虫全池泼洒，使池水药物浓度达0.3~0.5克/米^3。

（2）用硫酸铜硫酸亚铁合剂（5∶2）全池泼洒，使池水药物浓度达0.7克/米^3。

（3）用溴氰菊酯或氯氰菊酯全池泼洒，剂量按药物使用说明书。

（五）原生动物性疾病

原生动物是单细胞生物，是最低等的动物，其生物学分类地位与细菌接近，而与细菌不同的是，原生动物具有运动能力，因此传播速度比较快。锦鲤的原生动物疾病种类不多，但对鱼苗的危害比较大。原生动物性疾病常常被归入寄生虫性疾病一类。

1. 黏孢子虫病

【病原】原生动物孢子虫纲的黏孢子虫，寄生在鱼的鳃部或体表上。

【症状】黏孢子虫主要寄生于锦鲤的鳃部和体表，白色孢囊堆积成瘤状，孢囊寄生部位引起鳃组织形成局部充血呈紫红色，或贫血呈淡红色或溃烂，有时整个鳃瓣上布满孢囊，使鳃盖闭合不全，体表鳞片底部也可看到白色孢囊。病鱼极度瘦弱，呼吸困难，最后缺氧而死。

【诊断方法】黏孢子虫一般寄生在体表和鳃部，肉眼可看到孢囊。取出锦鲤鳃部或体表孢囊内含物放在载玻片上，加少量水在显微镜下观察，可发现大量充满视野的黏孢子虫的孢体，形态呈卵形或椭圆形，扁平，前端有2个极囊，等大或不等大，即可确诊。

【流行情况】主要危害1~2龄锦鲤苗种，可引起大批死亡。

【预防措施】

（1）池塘放养前要排尽水，清理过多的淤泥，有条件的池塘进行冬季晒塘，在锦鲤放养前10~12天，每666.7米^{2}用6.5千克漂白粉和100~150千克生石灰化水全池泼洒，这样可杀灭淤泥中的孢子，以减少此病发生。

（2）不要从发病的鱼场购买苗种，这样可减少发病机会，降低发病率。

【治疗方法】

（1）用c型渔用灭虫灵（渔用溴氰菊酯溶液）全池泼洒，使池水药物浓度达0.02克/米^3，每天一次，连用3天。

（2）用400~500毫克/升的高锰酸钾溶液浸洗病鱼25分钟（水温在15℃左右），具体浸洗时间视鱼的活动状况而定，每天一次，连用3天。

2. 车轮虫病

【病原】车轮虫，是一种原生动物（单细胞动物）。

【症状】同一水体大批的鱼同时身体发黑，体表黏液增多，在水表层缓游，扒开鳃盖可见到鳃部黏液多、颜色不正常、部分鳃组织受到破坏。病症严重者，表皮发炎糜烂，最后导致大批死亡。

【诊断办法】刮取体表和鳃部黏液，在显微镜下观察，可见到直径仅数十微米的车轮状原生动物。

【流行情况】车轮虫病一年四季都可发生，5—8月为流行季节。危害对象以一周岁以下的鱼为主，一年以上的鱼较少受到伤害。

【预防措施】

（1）保持良好水质，做到“肥、活、嫩、爽”。

（2）不施用未经腐熟发酵的粪肥。

（3）定期用广谱消毒药如漂白粉、生石灰等进行水体消毒。

【治疗方法】

（1）用硫酸铜与硫酸亚铁合剂（5∶2）水体泼洒，使池水药物浓度达0.7克/米^3。

（2）用福尔马林全池泼洒，使池水药物浓度达20~30毫升/米^3。

（3）用苦楝树枝叶熬汁泼洒，使池水药物浓度达50克/米^3，或将苦楝树枝叶捆扎投放水体内浸泡。